2018年 中国农业技术 推广发展报告

农业农村部科技教育司
全国农业技术推广服务中心 组编

中国农业出版社

北京

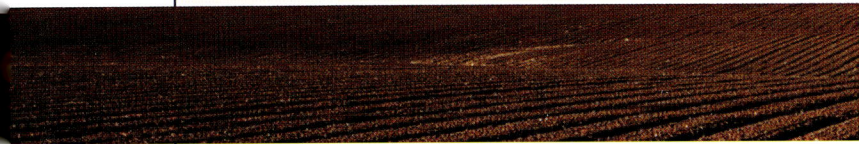

前　言
FOREWORD

　　2018年是贯彻党的十九大精神、实施乡村振兴战略的开局之年，也是以农村改革为发端的改革开放40周年。一年来，各级农业农村部门和广大农业技术推广人员以习近平新时代中国特色社会主义思想为指导，以推进农业供给侧结构性改革为主线，坚持质量兴农、绿色兴农、效益优先，深入推进农技推广体系改革创新，大力开展绿色优质高效技术集成创新和推广应用，进村入户到田开展技术指导服务，农业技术推广工作取得新进展。2018年我国农业生产再获丰收，粮食总产量达到65 790万吨，连续4年稳定在6.5亿吨以上，肉蛋奶、果菜渔等重要农产品供应充裕。农民收入持续较快增长，人均可支配收入14 617元，增速继续高于城镇居民收入。农业现代化迈出新的步伐，农业科技进步贡献率达到58.3%，主要农作物耕种收综合机械化率超过67%。农业绿色发展取得新突破，主要农产品质量安全监测合格率保持在97%以上，化肥、农药使用量均实现负增长，畜禽粪污综合利用率达到70%。

　　为总结、交流和宣传农业技术推广工作成效与经验，进一步增强对农业农村发展的科技支撑能力，我们组织编写了《2018年中国农业技术推广发展报告》。本书系统总结了2018年全国农业技术推广工作进展情况，内容包括农技推广体系改革创新试点、农业重大技术协同推广计划、农技推广服务特聘计划、重大引领性农业技术集成示范、农业重大技术推广项目、2018年出台的农技推广重大政策等，同时总结了部分农业科研教学单位、涉农企业等开展农业技术推广服务情况。希望本书的出版，能够为各地更好地开展农技推广工作提供借鉴，为有关部门研究决策提供参考。

　　本书的编辑出版，得到了农业农村部有关司局、部属有关机构、各省（自治区、直辖市）农业农村部门、农业科研院所等单位的大力支持，在此一并致谢！由于时间仓促、水平有限，不妥之处敬请各位读者批评指正。

编　者

2019年10月

目 录
CONTENTS

第一篇
农业技术推广工作

农业技术推广体系改革建设

2018年，农业农村部会同各地农业农村部门立足农业农村发展新形势，按照农技推广工作新要求，不断深化改革、增强能力、集聚资源形成合力，在创新机制激发活力、加快农业先进适用技术推广应用、支撑农业农村事业发展等方面开展了大量工作，取得了积极成效。

（一）深化体系改革创新，激发农技推广新活力

2018年基层农技推广体系改革创新，重点从原来"建机构、保队伍"体系建设思路向"建机制、提能力"转变，通过强化引导激励，全面推进"一主多元"推广体系建设。各地采取共建载体、派驻挂职、互派人员等措施，有效促进了公益性推广机构与经营性服务组织融合发展，充分调动了基层农技人员开展服务、社会力量参与推广、农民接受先进技术的积极性。通过购买服务、定向委托等方式，支持社会化服务组织开展产前、产中、产后全程农业技术服务，一批有资质、有能力的市场化主体承担了可量化、易监管的公益性农技推广服务工作。例如，山西省探索县级农业托管服务中心模式，全省"保姆式"全程托管和"菜单式"半托管模式的托管服务面积达到560万亩*，托管经营服务组织的资源、信息、资本等优势得到充分发挥，加快了新品种、新技术到田速度，优良品种与集成技术覆盖率达到95%以上。

（二）实施农业重大技术协同推广计划，构建农技推广新机制

针对我国农业技术推广存在的引领性技术"缺"、成果转化"慢"、推广力量"散"三大瓶颈问题，农业农村部在内蒙古、吉林、江苏、浙江、江西、湖北、广西、四川8个省份开展农业重大技术协同推广计划试点。试点旨在构建农技推广的需求关联机制和利益联结机制，推动"省市县三级"上下协同和"政产学研推用六方主体"左右协同，让产业亟需的引领性技术"补"起来，让成果转化应用"快"起来，让推广服务力量"合"起来，把科技优势更好地转化为产业优势和经济优势。8个试点省份围绕水稻、食用菌、猕猴桃、肉牛等39个主导产业，组建各类协同推广团队，聚集161个科研单位、148个教学单位、309个推广单位以及317个涉农企业、合作社、家庭农场等1 800多名骨干人才。

（三）强化知识更新培训，提升农技人员服务能力

完善农技人员分级分类培训机制，采取异地研修、集中办班、现场实训、网络培训等方式，提升基层农技推广队伍知识技能。全年对全国1/3以上在编基层农技人员进行连续不少于5天的脱产业务培训，异地培训（出县）基层农技人员数达到培训人员总数的30%，接受培

---

*　亩为非法定计量单位，1亩 ≈ 667平方米，余同。——编者注

训的基层农技人员对培训活动满意率达95%以上。继续支持基层农技推广队伍中非专业人员、低学历人员等，通过脱产进修、在职研修等方式进行学历提升教育，补齐专业知识短板。

（四）推广绿色优质高效技术，促进农业高质量发展

完善中央、省、县三级主推技术推介制度，遴选推介了一批符合绿色增产、资源节约、生态环保、质量安全等要求的先进适用技术。在技术适用范围内，以农业县为单位组织农科教紧密协作，制订技术操作规范，印制通俗易懂的技术要领挂图，开展多层次、多形式的技术培训，加强技术示范展示和推广应用，让广大农户和新型农业经营主体了解技术要求、掌握使用要领，促进农业科技快速进村入户到田。2018年，大范围推广应用了稻田生态种养技术、杂粮杂豆规范化生产、奶牛饲料高效利用等绿色优质高效技术，全国农业主推技术到位率达到95%以上，保障了农业稳产增产，促进了农业高质量发展，为推动农业供给侧结构性改革提供了有力支撑。其中，稻田生态种养技术年推广应用2 000多万亩，有效减少化肥农药使用，改善了生态环境，生产出更多优质安全稻米、水产品和畜产品。

（五）打造信息化服务平台，提高农技推广服务效率

基于大数据、云计算和移动互联等信息化技术，构建农技推广服务信息平台，促进专家、农技人员和农民的互联互通，为广大农业生产经营者提供了高效便捷、双向互动的农技推广服务。到2018年底，6 000多名专家、33万农技人员在中国农技推广信息平台开展指导服务，累计上报有效日志348.7万条、有效农情26.3万条，有效回答提问1 768.9万条。江苏省开发"农技耘"APP，20多万用户实名注册使用。山东省研发山东农业科技服务云平台和"农技推广信息化业务应用系统"APP，在25个县（市、区）建设了农技推广信息化中心示范站、示范教室、示范基地。

（六）实施农技推广服务特聘计划，助力打赢脱贫攻坚战

针对贫困地区产业扶贫对农技推广服务的迫切需求，在22个有国家级贫困县（或集中连片贫困地区县）的省份以及其他有意愿的地区实施农技推广服务特聘计划，通过政府购买服务等方式，从农业乡土专家、种养能手、新型农业经营主体技术骨干、科研教学单位一线服务人员中招募一批特聘农技员，为县域农业特色优势产业发展提供技术指导与咨询服务。特聘计划从需求出发，从解决问题、发挥作用入手，以服务对象的满意率、解决产业发展实际问题为主要考核指标，突破编制管理的限制、农技人员来源的局限和现有农技推广队伍管理的障碍，增强公益性农技推广服务供给能力，受到基层农业部门、乡镇政府和广大农户普遍认可。到2018年底，全国541个国家级贫困县（或集中连片贫困地区县）和18个非贫困县实施了特聘计划，招募特聘农技人员2 200多人。

农业技术推广工作

一、种植业

2018年，全国各级种植业农技推广机构坚决贯彻党的十九大、十九届二中、三中全会精神和习近平总书记系列重要讲话精神，紧紧围绕新时代实施乡村振兴战略的重大任务，以稳定产能、优化供给、提质增效、持续增收为目标，全面推进种植技术集成创新与指导服务，持续发力投入品减量增效，不断强化行业体系发展引领，为推进农业供给侧结构性改革加快农业农村发展提供了有力技术支撑。

（一）强化种业技术管理创新，筑牢种植业生产基础

一是加强主要农作物品种区试管理。 按照为农业供给侧结构性改革和农业绿色高效发展提供品种支撑要求，开展主要农作物新品种区域试验工作，2018年新创设节水抗旱稻、耐盐碱稻、机采棉等品种试验，加快优质绿色新品种试验进程，引导绿色品种选育。全年共有1 076个品种通过国家农作物品种审定委员会审定，其中水稻268个、小麦136个、玉米631个、棉花6个、大豆35个。**二是规范非主要品种登记审查。** 根据品种登记的内在要求和登记审查工作规范，开展非主要农作物品种登记工作，全年登记作物品种29种登记申请12 514个，复核品种10 901个，公示品种10 859个，变更品种159个，审批公告15批9 885品种，撤销登记品种5个，处理异议33件。同时启动番茄等作物品种重要性状与登记信息的吻合度审查工作，并针对性开展甘薯和蔬菜4 000多个登记品种的DNA分子鉴定，摸底数查实情，为品种管理决策提供依据。**三是提升种子质量监督管理水平。** 为加强种子质量监管，确保农业生产用种安全，开展冬季企业、春季和秋季市场种子质量抽查，全国抽查样品5.2万个。开展水稻、玉米等5种作物品种纯度田间种植鉴定8期，鉴定样品1 271个。深入探索种子认证制度，进一步完善认证管理办法、认证方案和技术规则，在14个省23家企业10种作物上先行试点。开展登记作物SSR分子检测技术制标建库与七大作物SNP分子检测技术研发工作，启动标准样品DNA提取建库工作，组织开展马铃薯种薯等重点作物主要病害检测技术研究。**四是强化种子生产经营决策信息指导。** 从优质、高效、绿色种子生产供给入手，对13种重要农作物种子需求进行专题研究，发布优化种子供给结构的生产指导性意见，保障农业产品供给结构优化对种子的需求。重构种子生产与市场监测网络与监测机制，实现914个终端监测点信息的直报、实时发布和智能分析，全年采集数据较上年翻两番达到93 278条，首次直接获得5 549条反映市场动态信息，涵盖作物从7种扩大到273种，全年发布10期种情通报，及时发布前瞻性、先导性信息，有效支撑决策部门研判农业生产形势和进行农业生产部署。

（二）集成示范推广重大技术，提升种植业发展水平

一是推动优良品种更新换代。启动农作物品种展示示范和跟踪评价工作，组织水稻等5种主要农作物和6种非主要农作物品种展示点374个，设立示范点102个，展示示范品种2 884个；安排13种登记作物品种集中展示点74个，展示评价品种173个。征集水稻、玉米等各种重要作物优良品种2 000多个，分别在全国种子双交会品种种植展示区、三大作物的30个核心展示区以及四川、山西、山东等大型品种展示区集中种植展示，促进了品种更新换代。**二是开展农作物生产技术指导。**在重要农时节点或特殊天气因时制订发布粮食、油料和经济作物生产技术指导意见和科学施肥、病虫防控技术指导意见，全年各省共制订发布区域性技术指导意见300多篇，同时组织专家及时开展田间指导、生产督导、苗情调研等活动，为生产管理和决策分析提供重要依据。**三是强化重大技术集成示范。**以绿色高质高效创建、超级稻示范推广、主要农作物化肥农药减施增效项目、优质专用小麦产业促进提升、"水稻+"绿色高产高效模式示范推广、老果茶园改造、油菜多功能开发、优质特色产业提质增效行动为抓手，分区域分作物集成示范一批轮作休耕、全程机械化、周年持续生产等全程绿色高质高效技术模式。通过印发试验方案，建立示范区，组织现场观摩交流活动，总结集成关键技术体系，为缓解生产矛盾贡献解决方案，为绿色高质高效发展提供可复制、可推广的技术支撑。

（三）强化病虫草鼠害综合防控，确保农产品质量安全

一是狠抓重大病虫鼠害防控。制订重大病虫草鼠害防控技术方案，派出多批次人员参与开展重大病虫防控工作。成功处置山东峡山水库突发东亚飞蝗蝗情，组织开展中哈边境蝗虫联合调查及边境蝗虫防控督导。2018年，全国累计防治病虫草鼠害面积60.13亿亩次，累计挽回粮食损失5 585万吨。**二是全面推进农作物病虫害绿色防控。**建立国家级全程绿色防控集成应用示范区855个，示范面积461万亩，辐射带动推广面积4 073万亩。建设省级绿色防控示范区9 793个，主要农作物绿色防控实施面积5.8亿亩，绿色防控覆盖率达到29.2%，比上年提高2.2个百分点。**三是推进农药使用量零增长行动。**围绕"控、替、精、统"关键措施和"药、械、人"协调统一，改变施药方式，优化药剂组合，应用高效机械，因地制宜集成农药减量控害技术模式，示范区化学农药使用总量平均减少20%以上。组织新型农药试验示范，开展抗药性监测治理，示范推广新型药械，组织新型农民科学安全用药培训，提升农药科学安全使用水平。**四是推动统防统治高质量发展。**重点扶持植保服务组织集中连片开展统防统治，加强病虫防治组织与知名农药械企业、飞防服务联盟的对接，实现新型高效农药械直供直销，促进防治组织提质增效。通过信息管理系统，掌握各地防治服务组织作业情况和发展动态，提供实时指导服务。2018年在农业部门备案的专业服务组织达4万个，日作业能力达1.2亿亩，比上年提高33.3%，三大粮食作物实施专业化统防统治面积达到14.9亿亩次，专业化统防统治覆盖率达到39.3%，比上年提高1.5个百分点。

（四）推动水肥资源集约节约高效利用，促进种植业绿色可持续发展

一是做好化肥减量增效技术支撑与服务。突出"测、配、产、供、施"5大环节技术要领，深入测土配方施肥基础性工作，2018年全国各级推广机构共采集土壤样品38万个，开展田间肥效试验1.2万个，发布配方2万个，推广配方肥2 000万吨，占农用化肥总量37.5%，推广测土施肥技术面积18.5亿亩次，技术覆盖率达到85%。全年安排不同施肥方式化肥利用率试验991个，分区域、分作物征集187个化肥减量增效技术模式，集成主要作物机械施肥、水稻机插秧侧深施肥、玉米种肥同播、水肥一体化等高效施肥技术，带动示范推广化肥减量增

效技术面积1 500余万亩，开展化肥减量增效技术培训5万余场次。**二是协助推进果菜茶有机肥替代化肥行动**。在150个试点县探索有机肥堆沤施用、有机无机相融合等6种技术模式，示范面积261万亩，组织各地开展现场观摩419次，培训各类新经营主体12万余人，带动项目区施用有机肥664万吨（实物量），增加24.8%，相当于消纳畜禽粪污4 000多万吨，化肥用量减少3万吨（折纯），减少15%以上。**三是规范化开展全国肥料监督抽查和信息分析**。对21个省（区、市）82家生产企业和42家农资市场的250个样品进行监督抽查，对全国32个化验室创新开展肥料检测能力验证，依托339个门市肥料信息网点开展肥料市场信息调度，分析数据5.3万条，发布12期相关肥料价格信息。在春耕、冬储等关键农时，撰写化肥供需形势分析报告，提出针对性政策建议，为促进肥料市场规范运行和肥料行业管理决策提供支撑。**四是抓好旱作农业和水肥一体化**。组织实施旱作农业技术推广项目，推广旱作节水农业和地膜减量增效技术500万亩，创建100个废旧地膜全回收整建制推进示范县，配套推广地膜减量增效技术。在地下水超采区集成设施软体窖集雨等技术模式，实现节水压采约70%，探索缓解超采地下水的新路径。依托水肥一体化技术示范项目，集中示范展示膜下滴灌水肥一体化、集雨补灌水肥一体化和喷滴灌水肥一体化三大技术模式2万亩，全年新增水肥一体化面积2 000万亩。组织开展节水农业新技术、新产品、新模式应用试验示范200多项次，全面推进节水降耗。

（五）强化科学防灾减灾，稳定农产品有效供给

一是深入开展农情调度和墒情监测。在关键农时关键季节，依托600个基点县和3 000多个农田墒情监测点数据分析，编报《农情基点县信息参考》13期，发布全国墒情信息12期，区域墒情信息4 000多期，为全面准确了解农业生产形势提供数据支持。**二是及时准确预测预报病虫鼠情**。组织1 030个测报区域站和140个鼠害监测网点开展病虫鼠害监测预警，发布病虫情报36期，在中央电视台综合频道（CCTV-1）发布病虫预警5期，并通过广播、微信、网络同步发布，提高了预报及时性和到位率，为实现"虫口夺粮"提供有力支撑。**三是高效启动疫情监测、阻截与防控**。组织开展引进种苗隔离试种，以重大植物疫情阻截带建设和区域协作联防联控、检疫性有害生物综合治理示范区建设为抓手，全面提升新发疫情处置、重大疫情控制能力和综合防控水平，系统谋划有害生物风险分析工作，在171个县级行政区及时发现12种全国农业检疫性有害生物和3种潜在危险性有害生物，积极抓好马铃薯帚顶病监测、马铃薯甲虫阻截、柑橘黄龙病治理、红火蚁防控等疫情报告和应急处置。组织开展联合监测、防控协作、执法检查，提升区域联防联控水平，适时开展隔离试种，启动风险分析工作，为监控外来生物风险、有效应对自然灾害和生物灾害、最大限度减灾保产提供技术保障。

二、农机化

2018年，各级农机化技术推广机构紧紧围绕农业农村中心工作和农业机械化工作重点，履行职责、开拓创新、奋发有为，积极开展试验、示范、培训、指导以及咨询等服务，为政策落实、项目管理提供有力支撑，为新技术推广应用提供先导引领，为推进农业机械化发展发挥了重要作用。

（一）推广先进适用技术，发挥先导引领作用

因地制宜、先行先试，积极引导新型农业经营主体和农民应用先进、适用、安全的农业机械化新技术、新机具，有效推动农业机械化快速发展。

在粮油作物方面，农业农村部2018年公布了十项重大引领性农业技术，其中玉米籽粒低

破碎机械化收获、水稻机插秧同步侧深施肥、油菜毯状苗机械化高效移栽三项为农机化技术。2018年，由农业农村部农业机械化技术开发推广总站牵头、各相关单位共同参加，对以上三项重大引领性技术开展了集成示范工作，发挥了引领带动作用。全国各地围绕薄弱环节加大了新技术推广应用，获得了明显成效。东北各省积极开展玉米秸秆覆盖免耕播种技术推广应用，其中吉林省推广640万亩；河南、山东等地开展花生机械化收获技术试验示范，显著提升农民种植花生积极性和花生种植面积；安徽省开展了秸秆全量还田条件下夏大豆种植机具对比试验与生产技术模式集成创新，明显改善大豆播种效果，2018年安徽省大豆耕种收综合机械化水平达到81%，高于全国平均水平9个百分点。

在经济作物方面，各地农机化技术推广机构围绕蔬菜产业发展，开展需求调查研究，找准突破点和发力点，大力推广蔬菜生产机械化技术。北京、天津等24个省份开展蔬菜机械化技术研究试验和示范推广，引导合作组织应用耕、种、收、管、控、尾菜处理等环节机械化技术，初步总结形成葱、姜、蒜、胡萝卜、甘蓝、鸡毛菜等蔬菜生产全程机械化技术模式。河北、山东等地开展示范基地共建，借鉴新疆棉区全程机械化先进技术与经验，开展技术试验示范，在突破黄淮海流域棉花生产机械化薄弱环节方面取得明显成效，示范点籽棉每亩增产130千克。山西等12个省份积极开展林果机械化技术示范，示范面积超过60万亩。广东、浙江、江苏、山东、宁夏、陕西等地推广应用农产品烘干、保鲜、分级、包装等机械化技术，有效提高农产品机械化加工水平。

燕麦草机械化收获　　　　　　　　青饲料机械化收获

在养殖业方面，西北地区积极推进"粮改饲"，开展饲草料机械化播种、收割、翻晒、打捆、烘干、青贮、储运等关键技术试验示范，进一步提升饲草料生产全程机械化水平。2018年全国机械化收获牧草达到5 289万吨，其中青海省燕麦耕种收综合机械化水平已达到95%。此外，畜牧水产养殖机械化技术推广取得重大进展，全国已有14个省份开展养殖环境调控、数字监控、远程管理、粪污处理等技术和配套设备试验示范工作，有效推动了养殖业机械化发展。

（二）搭建服务交流平台，发挥桥梁纽带作用

积极发挥农机化技术推广公益性主导作用，注重搭建技术服务平台，构建"一主多元"协同推广新机制，全力打通推广"最后一公里"，实现技术多样化、集成化供给。

1.在成果转化方面搭建试验示范平台

针对新机具适应性不强、细节有待提升改进等问题，各地推广机构上联科研院所，下联

果园机械化技术试验示范

农机推广田间日现场演示教学

经营主体，外联生产企业，广泛开展试验验证，对接供需各方，推进协同创新，促进科研成果在实际应用中改进熟化，精准落地。上海、贵州、云南、陕西、宁夏等地积极推进产学研推用联动机制，与华南农业大学专家团队合作，结合本地实际不断提升水稻精量直播技术水平，因地制宜形成农机农艺融合生产技术模式，加快了直播技术的转化应用；广东省农机化推广机构联合农艺专家、企业和合作社技术人员长期蹲守生产一线，反复优化切断式甘蔗收获机，解决了新机具"水土不服"的技术难题。

2.在技术普及方面搭建培训平台

通过举办各类新技术推广和培训活动，组织引导科研院所、行业协会、技术专家、生产企业、经营组织、机手、农户广泛参与，搭建政府与农民、专家与农民、企业与农民之间信任、顺畅、高效、便捷的互动交流渠道。全国农机化技术推广系统累计开展宣传培训活动1.5万余次，培训新型经营主体代表和农民400余万人。创设"中国农机推广田间日"服务品牌，开展参与式、体验式、互动式推广活动，深受广大农民欢迎。新疆积极开展实用人才及农牧民培训，发放汉、维、哈三种语言的农机化技术培训光碟近万份。

3.在传播交流方面搭建信息服务平台

以"互联网＋推广"为工具，加快新政策、新技术、新经验传播，推动信息交流共享。以中国农机推广网、《农机科技推广》杂志及各级推广机构创办的各类农机化技术信息媒体作为农机化技术交流宣传重要平台和阵地，提供多方位技术、信息服务，宣传典型、交流经验。江苏省积极推进宣传方式创新，开展了"最美农机手""乡村振兴看农机""农机推广有能人"等主题鲜明宣传活动，建成覆盖全省各市县的技术推广信息化视讯系统。宁夏每年制订信息宣传工作要点，围绕重点工作，适时跟踪报道，及时采编发布各类农机信息。湖南省利用新华网、农民日报、中国农机化导报等媒体广泛报道推广工作，扩大了影响力，提升了工作效果。

（三）推动政策项目落实，发挥行政支撑作用

始终把服务中心工作、推进强农惠农富农政策落实到位，作为履行好公共服务职能的出发点和落脚点，在政策研究创设、宣传落实、组织实施方面发挥重要的支撑作用。

1.为政策制订提供技术支撑

各地开展调查研究和数据汇总，及时了解农民技术需求现状与变化趋势，开展数据分析，提出对策和建议，为行政部门制订政策和决策提供科学依据和数据支撑。在购机补贴政策实施中，各级农机化技术推广机构根据产业发展和农民需求，积极做好分类分档、补贴额测算等工作，助推中央资金补战略、补短板、补创新、补绿色，在提高政策前瞻性、导向性、精准性方面发挥重要作用。浙江积极开展调查研究和需求对接，开展农民亟需的单轨运输机、水平自动控制系统等产品补贴试点，深受农民欢迎。

2.为政策落实提供服务支撑

各地发挥技术、人才和资源优势，在农机购置补贴政策实施中承担宣传培训、核机查验、软件管理、违规处理、信息公开等工作，在深松作业补贴政策实施中开展培训指导、面积核定、信息统计、监督考核等工作，为强农惠农富农政策落地提供重要技术支撑和人力保障。如吉林省围绕深松作业补贴政策，制订了地方标准《机械深松整地作业技术规范》，安装远程电子监测终端设备6 000余台套，累计监测面积1 000余万亩，实现了电子监测全覆盖，推动深松作业补贴政策规范、高效落实。

农机深松整地田间试验测试

3.为项目实施提供管理支撑

部省两级农机化技术推广机构承担了主要农作物生产全程机械化示范项目任务申报、方案制订、技术路线设计、组织实施、监督检查、评审验收等任务，指导200余个县（区）创建全程机械化示范基地。各地积极承担和参与示范推广、基本建设、科技创新等各类农机化项目，农技人员深入生产一线和田间地头，推动项目实施落地。云南省充分利用部级100万示范项目经费及900万省级配套资金，推进农机农艺融合，探索集成创新，形成了可复制、可推广的全程机械化技术路线和解决方案。

（四）创新服务方式方法，提高农机推广效果

面对农业机械化发展新形势、新问题、新需求、新要求，全国农机部门坚持依法推广、科学推广、高效推广、绿色推广，努力创新，为农业机械化全程发展、全面发展、绿色发展提供技术支撑和服务保障。重点做好以下"三个创新"：

1.加强技术集成创新，提高农机化技术推广服务能力

2018年，全国农机推广机构在九大作物全程机械化推进活动中，在果菜茶饲草料养殖加工等特色作物全面机械化方面，坚持融合发展，注重良种、良法、良田、良机结合，开展专家组巡回指导，分作物、分区域开展试验示范，促进技术集成配套，形成系统解决方案，形成了聚焦推广优势资源合力推广先进适用农机化技术的良好局面。

2.加强方式方法创新，提升农机化技术推广服务质量

依托新型经营主体开展推广活动，打造样板，树立标杆，形成"头羊效应"，以成功

蔬菜机械化生产技术试验示范

案例引导其他经营主体和小农户接受和应用新技术，以点带面，提升推广成效。积极引导科研院校和生产企业广泛参与公益性技术推广工作，整合技术、人才、资金、设备及服务等资源，形成分工合理、优势互补、联合推进的协同推广机制。结合地域特点举办"田间日""田

茶叶双边修剪作业

间学校"等品牌活动，用农民通俗易懂、喜闻乐见的语言和方式开展技术服务，推进新技术、新机具现场体验互动，提升推广过程的生动性和趣味性，增强农民的认知度和接受度。2018年"中国农机推广田间日"活动聚焦果菜茶、丘陵山区农业生产关键机械化技术和水稻、油菜、花生等有比较优势的粮油作物生产全程机械化技术，通过搭建公益性推广服务平台，推动农机化技术推广方式方法创新，实现农机试验、示范、培训、指导以及咨询服务等推广要素的集成创新，助推了产业发展。

3.加强服务手段创新，提高农机化技术推广服务效率

利用"互联网+"大数据优势开展推广，让农民根据自身需求"自选式"主动查找新技术、新机具、新模式，满足多样化、个性化技术需求。利用"互联网+"互动优势，建立顺畅的咨询与反馈通道，让专家、学者、推广人员与农民实时对接，形成互通互联的解决机制，让推广工作更及时、更精准，不断提升服务效率和质量。吉林、江苏、湖北等省份积极推进农机推广信息化建设，与科技公司合作，开发推广农机化信息管理与远程调度指挥服务云平台、为农服务3级网络构架视频系统、农机北斗导航应用平台等。

三、畜牧业

2018年，全国各级畜牧业技术推广部门坚持新发展理念，大力推进质量兴农、绿色兴农、品牌强农，以畜牧业供给侧结构性改革为主线，聚焦"优供给、强安全、保生态"目标任务，强支撑、优服务、抓落实，推动畜牧业高质量发展。

（一）聚焦畜禽养殖废弃物资源化利用，推进畜牧业绿色发展

一年来，各级畜牧业技术推广部门强化支撑服务，助力打好畜禽粪污资源化利用攻坚战，全国畜禽粪污综合利用率超过70%。**一是举办重大活动**。举办畜禽养殖废弃物资源化利用现场会，举办首届畜牧业现代化暨畜禽粪污资源化利用论坛，现场培训3 300多人，远程收视累计8万人次。以"转型升级 绿色发展"为主题，举办首届畜牧环保专题展览会，展示畜牧业绿色发展新产品、新技术、新模式，发布《畜牧业绿色发展在行动宣言》，创刊发行《畜牧业环境》杂志等。举办畜牧业绿色发展"中国行"活动，传播绿色发展理念。**二是开发建设养殖场直联直报大平台**。运用大数据，协助抽样审核824个县1万多个规模养殖场，分析畜禽粪污综合利用率和设施配套率。赴安徽、山东等地协助开展实地检查和第三方评估，为农业农村部、生态环境部监督考核各地2018年度粪污资源化利用工作提供了重要依据。**三是创建树立一批示范典型**。全年创建种养结合示范基地55个，集中处理示范基地5个，技术模式示范基地4个，果菜茶示范基地3个。启动实施"异位发酵床处理猪场粪污技术集成示范"项目，加强模式熟化和技术推广。积极探索中小养殖场户低成本粪污治理有效路径，提炼并推介经济适用、操作简便的典型模式。**四是开展包片驻县上门服务**。在七大区域选择10个县整建制推进项目，选派联盟技术专家深入生产一线，开展分区包片技术服务，指导编制实施方案，举办专题培训。

（二）聚焦畜禽和牧草种业建设，筑牢产业兴旺的种源基础

一是实施遗传改良计划。新遴选24家生猪、肉牛、肉羊、肉鸡核心育种场，2家扩繁推广基地和2家种公猪站，畜禽育种"国家队"规模和实力持续增强，生猪核心育种场供种能力占全国一半以上，蛋鸡核心育种场祖代鸡供种量占国产品种80%。组织起草水禽、蜜蜂和驴遗传改良计划草案，加快推进特色畜禽良种化进程。组织实施种畜禽质量安全监督检验项目，首次对进口牛冻精进行抽检，从源头严把质量关口。**二是加强遗传评估。**启动局部跨场联合评估，生猪联合育种取得实质性进展。发布种猪、种牛遗传评估报告，举办技术培训班，指导种业企业扎实开展育种工作，提升从业人员素质。**三是创新畜禽良种推广手段。**以种畜和家畜繁殖员为突破口，创新工作思路和方式，举办全国肉牛种公牛拍卖，采取市场化手段推广良种，推动建立良种优质优价机制；举办全国家畜繁殖员职业技能大赛，以赛促学、以赛促用，提高家畜繁殖员的职业荣誉感和技术服务水平；举办首届中国农民丰收节全国种猪大赛。**四是扎实推进畜禽遗传资源保护。**完成5家国家级保种场保护区现场审验，审定鉴定21个畜禽新品种（配套系）和地方资源。组织开展地方猪、家禽品种登记。家畜基因库新入库冻精9.4万剂、胚胎1 100枚。开展湖羊冻精、胚胎复苏试验，基因库保种效果得到验证。编撰《国家级畜禽遗传资源简介图册》，在中央媒体开展资源保护专题宣传，营造关心保种、参与保种的良好社会氛围。**五是加强牧草良繁体系建设。**组织编写《中国草种管理》，制订40项牧草种质资源保护利用规范。开展760个参试品种区域试验，评审通过26个新草品种。组织收集牧草种质资源3 755份，入库2 985份。完成已入库的5 840份草种生活力监测，分发种质材料309份。开展草种质量监督抽检，抽检20省区草种629批次，推动草种质量不断提高。

（三）聚焦奶业振兴，推动奶业产销体系重构

贯彻落实《国务院办公厅关于推进奶业振兴保障乳品质量安全的意见》，加强政策创设，开展公益宣传，提振消费信心。**一是参与政策创设和重大活动。**配合起草国办意见和九部委《关于进一步促进奶业振兴的若干意见》，举办全国奶业振兴工作推进会和第四届中国奶业D20峰会。**二是加强奶牛种业创新。**启动优质奶牛种公牛培育技术与组织示范项目，制订《奶牛良种登记细则》，登记良种奶牛2万头，基因组检测种牛2 500头。发布乳用种公牛遗传评估概要，向社会推荐优质种公牛，推进良种繁育与推广。继续推进生产性能测定，发放标准物质3 200余套，参测奶牛130万头，促进了奶牛养殖提质增效。遴选首批国家奶牛核心育种场10个，组建核心母牛群。**三是加大奶业公益宣传。**创新宣传方式方法，制作"推进奶业振兴动漫系列"——《一头奶牛的自白》《一杯奶，满满的幸福》，深受消费者喜爱，点击播放量超过700万次。在人民日报刊发《动动奶酪，给奶业振兴加把劲》《奶瓶子，要稳稳地拿在手中》《质量有保障，信心在提升》等，提升中国奶业形象。在央视农业频道《聚焦三农》栏目播出"芝士就是力量"专题片，积极倡导发展国产奶酪。**四是促进奶业一二三产业融合发展。**实施"奶牛精准饲养提质增效技术集成示范"项目，推广奶牛精准饲养技术和模式，持续提升生产水平。遴选第二批12家休闲观光牧场，开展"休闲奶业浪漫曲，观光牧场风情游"主题宣传，增强消费者对国产奶制品的信心。

（四）聚焦标准优化供给，大力推进质量兴牧

按照高质量发展要求，以绿色、安全为导向，加强畜牧饲料标准制修订，进一步健全标准体系。**一是组织制订《仔猪、生长育肥猪配合饲料》和《蛋鸡、肉鸡配合饲料》新标准。**伴随新标准的发布实施，养殖业豆粕年消耗量将降低1 100万吨，带动减少大豆需求约1 400万吨，既有利于节流增效、源头减排，又能积极应对中美贸易摩擦导致的大豆缺口。**二是制**

订发布饲料卫生新标准和新规范。组织制、修订重要饲料添加剂、饲料中禁限用物质及饲料卫生指标检测方法等强制性国家标准9项、推荐性标准42项，推动发布标准41项，筑牢饲料安全底线。参与制订完成宠物饲料卫生和标签规定，为加强宠物饲料质量安全监管提供了依据。**三是突出畜牧业绿色发展和畜禽种业标准制订。**组织制订《畜禽粪污土地承载力测算方法》《畜禽粪便堆肥技术规范》《牛冷冻精液生产技术规程》等标准50项，发布标准44项。

（五）聚焦供给侧结构性改革，推进草牧业和粮改饲工作再上新台阶

2018年中央一号文件对调整粮经饲三元种植结构，大力发展优质饲料牧草和草食畜牧业提出明确要求。各级畜牧技术推广部门，发挥技术优势，推动构建粮草兼顾、农牧结合、循环发展的新型种养结构。**在草牧业方面，**召开草牧业典型模式总结交流会，推介6种草牧业典型模式。编写《草业生产实用技术》《草原生态实用技术》和《草业良种良法配套手册2018》，推广70余项关键技术，推介46个新草品种。组织行业媒体宣传报道南方草地畜牧业推进行动成效，加快推进南方草地畜牧业建设。**在粮改饲方面，**召开粮改饲工作现场推进会，开展绩效评价和督导检查，确保保质保量完成任务，全年完成青贮饲料收储面积1 431万亩。举办全国青贮玉米质量评鉴大赛，启动粮改饲——优质青贮行动计划，组织实施全株青贮玉米推广示范应用项目，推广普及优质饲草料。组织青贮玉米抽样和检测，组织编撰《2018中国全株玉米青贮质量安全报告》，拍摄制作《粮改饲富民兴业的绿色之歌》宣传光盘，出版《苜蓿青贮高效生产利用技术》《全株玉米青贮实用技术问答》等科普读本，制作《全株玉米青贮饲料利用》广播节目，推广普及粮改饲实用技术。

四、渔业

2018年，全国水产技术推广体系紧紧围绕渔业中心工作，不断提升先进技术引领能力、现代模式示范能力、体系改革发展能力、学术交流与科普传播能力，为推进现代渔业建设提供有力支撑。全年累计推广示范关键技术4 601项，开展各类检验检测380 427批次，培训推广人员59 303人次。指导水产养殖面积5 669.4万亩，服务和指导渔农户132.34万户、渔业企业27 213个、渔业合作经济组织24 894个，开展渔民技术培训16 702期，提供的公共信息服务覆盖用户139.48万户，发布信息520万条，发放技术资料531万份。

（一）水产技术推广体系与人才队伍建设有新举措

一是研究部署水产技术推广体系建设。召开全国水产技术推广体系建设和人才培养工作交流会，总结全国水产技术推广体系建设和人才培养经验成效，赴21个省份开展专题调研，研究部署乡村振兴战略下全国水产技术推广体系建设和人才培养工作举措，编写《全国水产技术推广体系发展报告2006—2017》，起草《乡村振兴战略下加强水产技术推广工作的指导意见》，跟踪指导基层水产技术推广体系开展改革工作。**二是加强水产技术人才培养。**首次遴选出"十佳"示范站和100名"最美渔技员"，开展水产技术推广体系进校园宣讲活动，推广体系积极开展新型职业渔民示范培育工作。组织编写《水生生物病害防治员》国家职业标准、教材和试题库，举办基层水产技术推广骨干人员培训班。

（二）绿色生态模式示范与现代种业建设有新发展

一是稻渔综合种养模式规范发展。广泛宣传《稻渔综合种养技术规范》，举办第二届稻渔综合种养产业发展论坛，启动制订稻-鱼、稻-虾、稻-蟹、稻-鳖、稻-鳅等主导模式系列分标准，开展国家级稻渔综合种养示范区创建工作，推广面积超过3 000万亩，发布《中国

稻渔综合种养产业发展报告2018》。**二是农业重大引领性技术集成示范启动实施。**开展受控式集装箱循环水绿色生态养殖技术集成示范，新建示范基地50多个，累计在21个省份推广养殖箱体1 300多个，开展2次集装箱养殖现场观摩活动，制订集装箱养殖标准体系表，成立中国集装箱式水产养殖技术创新战略联盟。**三是池塘工程化循环水养殖模式示范稳步推进。**制订《池塘工程化循环水养殖模式示范与推广项目实施方案》，在15个省份建立示范点100个，建成跑道水槽2 771条，面积30.5万平方米，覆盖池塘近4万亩。**四是现代种业服务与原良种场管理有序进行。**全年受理水产新品种申报23项，14个新品种通过审定，对近两年审定的19个水产新品种予以公告和宣传推介。与相关科研院所推进南美白对虾、斑点叉尾鮰、克氏原螯虾、红螯螯虾、呆鲤联合育种创新工作。组织编写《中国水产种业发展报告2018》，联合打造"优苗网"供需服务平台，为种苗企业、养殖业者供信息服务。完成2个新申报国家级原良种场验收和11个到期场的复查工作，组织开展国家级场水产原良种管理培训及保种、选育的技术指导工作。

（三）疫病防控和水产品质量安全有新提升

一是扎实落实疫病监测任务。制订《2018年国家疫病监测计划》，开展水产苗种产地检疫试点，组织30个省份和24个机构对重大疫病、新发疫病和外来疫病开展监测和调查，在全国水产健康养殖示范场等主体设置监测点5 000个，监测病害种类近百种，监测样品近万份，监测面积450多万亩。发布《2017年中国水生动物卫生状况报告》，发布预测预报150余期，审定通过8个国家标准，优化疫病监测和预警信息系统，推动水生动物无规定疫病苗种场试点建设。**二是提升全国水生动物防疫体系能力。**组织28个省（市）的315家单位参加877个项目的检测能力验证，满意率超过95%。推动国家水生动物防疫参考物质中心、国家水生动物疫病专业试验基地等14个项目开工建设，涉及资金1.9亿元。**三是组织开展养殖用药减量行动。**在14个省份对10个主要养殖品种开展减量用药行动，打造了15个用药减量核心示范区，核心示范区渔药使用量较2017年下降30%以上。组织14个省对11个养殖品种开展水产养殖动物病原菌耐药性普查，进行试验2万余次，测试了13种国标抗生素类渔药的敏感性。编写《水产养殖用药指南》等技术资料，开展水产养殖规范用药科普下乡活动，吸引17余万人次参与其中，发放各类材料40余万份。

（四）渔业资源养护和生态环境保护有新行动

一是强化海洋牧场建设技术支撑。召开海洋牧场建设专家咨询委员会会议，开展人工鱼礁建设项目和第四批国家级海洋牧场示范区创建评审，开发国家级海洋牧场示范区管理信息系统。组织8个工作组赴16省（区、市）开展示范区运行和海域使用金缴纳情况专题调研，组织召开全国海洋牧场建设与管理培训班和现代化海洋牧场建设产业发展高峰论坛，促进海洋牧场技术交流与合作。**二是着力推进水野保护。**参与长江水生生物保护工作，组织开发"长江流域水生生物保护区管理"APP，参与制订水野保护配套制度规范，收集整理全国水生生物自然保护区基本信息和图文资料，组织编写《中国水生野生动物重要栖息地》，启动《外来水生物种防控识别手册》编撰，推进外来水生物种防控工作。**三是开展养殖水域环境治理工作。**开展养殖污染防控调研，提出加强养殖污染防控的对策建议，参与养殖尾水排放标准制修订，召开全国渔业节能减排技术现场交流会、渔业水域生态修复技术研讨会，研讨资源养护成效标志性指标，总结汇编水产养殖节能减排实用技术16项。举办水产养殖尾水治理技术培训，引导全国推广体系积极参与水产养殖尾水治理工作。

（五）渔业公共信息平台建设与服务有新进展

一是不断完善信息资源整合共享。加快推进"智能渔技"综合信息服务平台整合建设步伐，完成《"智能渔技"综合信息服务平台总体方案设计》。**二是持续推进渔业统计和渔情监测工作。**启动中华人民共和国成立以来渔业统计数据汇总和分析应用数据库建设，开展渔业统计指标说明的修订工作。推进优化渔业统计和养殖渔情监测，建立了由25位推广体系专家负责31个重点监测品种的专家队伍，完成养殖渔情信息采集标准制订。开展全国渔民家庭收支调查、内陆捕捞抽样调查试点、海洋捕捞抽样调查试点。**三是加强国内外水产品市场信息采集、发布。**不断完善信息采集月报、日报制度，汇总整理价格条目22万多条，成交量条目21万条，组织发布80家批发市场动态月报800余篇，组织发布26个省（自治区、直辖市）级水产市场运行分析月报150篇。加强渔业对外贸易监测，开展"百万养殖户"市场信息服务行动，为106万水产养殖户提供供需和价格信息。**四是打造《中国水产》宣传新阵地。**举办《中国水产》创刊60周年回顾交流系列活动，以服务渔业中心工作为宣传重点，全年刊登涉渔文章400余篇。"中国水产微信公众号"采编报道全国渔业重要新闻2 000余条，开辟水产品市场信息、规范用药、渔业政策法规、渔业扶贫等专栏，配合重要活动开发投票功能，点击量超过百万。"中国水产"APP收录《中国水产》自1958年创刊以来的所有刊登内容，渔业影像资料库新收录图片及影像资料1.6万份，建立了我国现代渔业发展历程的数据库。

（六）休闲渔业与产业融合发展有新活动

一是举办改革开放40周年系列活动。开展改革开放40周年渔业重大科技成果与突出贡献人物遴选推介活动，遴选出科技标志性成果50项、渔业科技突出贡献人物20名和渔业科技纪念人物24名，形成渔业重大科技成果和先进人物资料库。举办中国农民丰收节系列活动——"盘锦蟹稻家欢乐节"和"元阳稻花鱼丰收节"。**二是推进休闲渔业高标准优质发展。**构建全国休闲渔业品牌管理系统，设计并发布中国休闲渔业公共品牌标识，开展休闲渔业品牌督导检查，编印休闲渔业发展典型案例与精品休闲渔业旅游路线，举办第三届全国休闲渔业高峰论坛，编写发布《休闲渔业产业发展报告2018》。**三是编写特色水产品种产业研究报告。**围绕小龙虾、石斑鱼、海带、裙带菜、紫菜等重点关注品种，组织开展专题研究编写研究报告，发布的《中国小龙虾产业发展报告2018》引起社会广泛关注，100多个新闻和金融门户网站第一时间进行报道和转载。

第二篇
基层农技推广体系改革创新试点

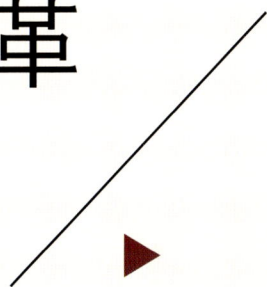

改革创新试点实施情况

为贯彻中央关于加快实施创新驱动发展战略和推进大众创业万众创新的有关决策部署，全面推进农技推广体系改革创新，提高农技人员的积极性、增强活力、提升服务效能，为乡村振兴战略和农业供给侧结构性改革提供有力支撑，自2017年4月起，原农业部在全国12个省份36个县（市、区）开展基层农技推广体系改革创新试点工作。在各级农业部门的共同努力和试点地区党委政府及有关部门的大力支持下，36个试点县（市、区）均结合实际制订了具体的实施方案和细则，重点围绕建立农技推广增值服务机制，促进公益性农技推广机构和经营性服务组织融合发展，规范考评激励机制，实现农技推广各主体协同发展的总体目标选择试点方向开展探索，工作取得了积极进展。

（一）主要试点内容

1. 增值取酬

共有15个试点县开展了农技推广服务增值取酬试点，通过农技人员与服务对象双向选择，派驻部分农技人员进入新型农业经营主体，开展技术服务和技术咨询等服务的方式探索农技人员提供增值服务合理取酬机制，由派出单位、农技人员、新型经营主体签订三方协议，约定服务内容和收益分配，取得了初步成效。目前有10个试点县的161名农技人员通过与新型经营主体建立对接服务关系，提供增值服务，共获取收益171万余元。

2. 融合发展

有18个试点县（市）开展了农技推广机构与经营性服务组织融合发展试点，参与融合发展的基层农技推广机构共80个。主要有三种方式：**一是共建平台**。依托基层农技推广机构，引导社会资金参与共同搭建"一站式"农业社会化服务平台，提供全程农业生产"一条龙"社会化经营性服务。**二是合署办公**。农技推广机构站通过与社会化服务组织开展合署办公，实现优势互补，共同为农民提供公益性和经营性技术服务。**三是协议服务**。农技推广机构通过签订协议的方式为专业合作社等新型主体提供个性化服务，如针对性开展技术培训、技术推广、农业投入品管理等。

3. 离岗创业

6个试点县鼓励农技人员离岗创新创业，出台了专门的文件和管理办法，强化激励措施，目前共有4个试点县23人提出申请，15人经批准离岗创业。

4. 考评激励

4个试点县重点探索建立针对基层农技推广机构和农技人员的考评激励机制，强化考评结果应用，推动农技人员收入分配、职务晋升等与考评结果紧密挂钩，建立实际贡献与收入分配相匹配的内部激励机制，充分发挥考评考核工作的激励导向作用。

5. 建立联盟

26个试点县以农业技术为核心，集聚各方资源，构建了推广机构、科研教学单位、市场化组织等广泛参与、分工协作的农技推广服务联盟。

（二）取得成效

1. 增强农业部门改革创新的紧迫感

此次试点过程使各级农业部门切实感受到改革创新的必要性和紧迫感，增强做好农技推广工作的自觉性和主动性，深化对农技推广体系改革创新工作的重要性的认识，形成上下一致推进农技推广体系改革创新的共识，一些地方还推动出台有关重要文件和政策，为全面深化农技推广体系改革创新提供了借鉴和参考。如**浙江省农业厅**等3部门经省人民政府同意，联合印发《激励农业科技人员创新创业的意见》，提出农技人员开展增值服务的内容、程序、行为，明确基层农技人员可享受科研人员离岗创新创业政策。**四川省广汉市委**出台《关于建立容错机制的实施意见》、浙江湖州市出台《鼓励推行农业技术入股实施办法》，为试点工作的顺利开展提供了保障。**安徽省**在《安徽省实施＜中华人民共和国农业技术推广法＞办法》明确了农技人员可提供增值服务、合理取酬的规定。

2. 增强农技人员优胜劣汰的危机意识

在试点工作开展之前，农技人员主要从事公益性服务，满足于完成工作任务、不出问题，工作和学习氛围不浓。试点工作开展以来，农技人员进入龙头企业、农民专业合作社、家庭农场，面对新型经营主体多元化个性化的需求，普遍感到了本领恐慌。为新型经营主体提供增值服务的农技人员开始主动学习产业政策，学习专业技术知识，强化实践技能，提升自身服务能力和水平，从事公益性农技推广工作的农技人员也普遍感受到了压力，增强了危机意识，学习与工作主动性得到提高。如**河北省安平县**等多个试点县均反映自开展基层农技推广体系改革创新试点工作以来，农技人员经过与龙头企业、合作社等社会经营性组织的直接对接，学习积极性空前高涨，聊天的人少了，学习的人多了，坐办公室的人少了，下乡解决问题的人多了。

3. 增强农技推广服务针对性和服务效果

通过签订协议提供增值服务，明确了基层农技人员服务内容和服务效果，满足了新型经营主体的个性化需求，服务质量和水平都有了较大的提高，农技推广机构和农技人员为新型经营主体提供的技术、开拓市场等服务，使得农业新型经营主体降低了生产成本，提高了经济效益，带动了产业发展。例如**安徽省埇桥区**开展增值服务的10位农技人员通过社会化组织服务的面积达43万亩，较以前服务规模扩大22%以上，社会化组织经营收入增加15%以上，服务田块亩节本增效130元以上；完成新品种、新农药、新肥料试验13项，试验示范田面积达到7 000余亩；推广应用水肥一体化等新技术近20项，主推技术推广应用5万余亩，其中绿色防控达8 000余亩，航空植保1 100余亩，小麦覆秸免耕直播玉米、大豆30万余亩；农技人员为经营性服务组织解决技术难题1 270件次，培训新型农业经营主体人员93人次，有效提升经营性服务组织的技术水平和服务能力，助推经营性服务组织的发展，同时农技人员自身也得到锻炼和提高。**宁夏回族自治区灵武市**农技中心农艺师史进通过领办种植专业合作社，立足灵武市移民村种植基地，大力发展露地瓜菜和设施农业，规模达到1 000多亩，年销售瓜菜8 000余吨，带动就业4万人次，帮助群众增收238万元。

4. 探索推广一批行之有效的做法经验

各试点地区围绕此次试点的总体目标积极探索，根据不同服务主体和不同生产领域的特点，努力破除思想、制度等方面对改革创新的制约，制订具体操作办法，根据工作开展情况不断调整完善，探索推广一批行之有效的创新做法和经验，为全面深化农技推广体系改革创新提供借鉴和参考。如**吉林省梨树县**要求参加增值服务取酬的农技人员必须以履行好公益性职能、岗位职责的"五个一"标准（即做一项试验示范、抓一个百亩方、指导一个合作社、完成一篇科技类文章、提交一幅摄影作品）为基础，并要求参加试点的单位和个人要向县农业局和所在单位提交申请，批准后经公示无异议，方可与经营性组织签订有偿服务协议，服务协议中明确各方权利义务，参加试点的单位所取得收益全部归本单位自主分配、统一管理，对服务人员、其他人员和单位按4：4：2分配；要求参加试点的个人，上缴工资组成中的岗位工资全额。以上资金由县农业技术推广总站统一管理，主要用作新技术试验示范推广经费和绩效考核奖励的补充。**江西省石城县**通过建立主管部门考核清单、乡镇考核清单、干部自查清单等三大清单，加大考评结果在绩效工资分配应用中的权重，使农技人员收入与考核结果挂钩，与岗位职责、工作业绩、实际贡献挂钩，建立了一套"定量与定性、线下与线上、平时与年度、物质奖励与精神激励四结合"的考核评价指标。**四川省崇州市**通过整合农业公益性服务资源和农业社会化服务资源，形成了"1+1"技物配套服务模式，依托农技推广机构建设农业服务超市，促进市场化服务组织与公益性推广机构优势互补、良性互动，壮大农技推广力量，提高农技推广供给，助推土地适度规模经营和粮食适度规模经营。**四川省宣汉县**在农技人员创新创业方面探索提炼出"技术入股联合发展、成果转化助推发展、院县合作加快发展、自主创业引领发展、科企联合带动发展、科技服务支撑发展"6种创新创业模式，得到省级政府和农业主管部门领导的充分认可。

改革创新试点典型案例

吉林梨树："五个一"目标管理　创建农技推广新模式

梨树县位于吉林省西南部、松辽平原腹地，地势平坦，土质肥沃，全县耕地面积396万亩，总人口81万，其中农业人口61万，粮食产量常年保持在250万吨阶段性水平，人均占有粮食、人均贡献粮食、粮食单产和粮食商品率四项指标均居全国前列。曾先后被确定为全国粮食生产先进县、国家重点商品粮基地县、省新农村建设整体推进县。梨树县现有县、乡（镇）两级国家农技推广组织机构23个，其中县级3个，包括县农业技术推广总站、县植保站、水稻技术指导中心；乡镇级21个，即乡镇农业技术推广站。共有在编人员395人，农业技术人员占总人数91%。2018年，全县各乡镇实施机构整合，成立了农业发展服务中心，乡级农技推广机构划入中心，由乡镇政府管理。2017年起，梨树县根据农业部文件精神和省农委的安排部署，按照创新工作机制、转变工作方式、激发队伍活力，坚持积极稳妥的原则，大胆探索，锐意创新，周密组织，稳步推进基层农技推广体系改革创新试点工作，建立起新时代农技推广服务承包新机制。

1. 创新试点主要做法

（1）"五个一"目标管理，明确本职工作任务

梨树县要求单位和个人必须在履行好公益性职能、岗位职责和完成"五个一"（即做一项试验示范、抓一个百亩方、指导一个合作社、完成一篇科技类文章、提交一幅摄影作品）等工作的前提下参加试点。

（2）规范化操作，确保工作有序进行

为保证试点工作高效有序地实施，实行程序化运行管理，采取了以下措施：**一是规范组**

田间试验调查

召开现场会

织领导。成立工作领导小组，广泛吸纳各相关部门和乡镇的意见，制订《实施方案》和《实施细则》，认真组织推进实施。**二是规范参加试点流程。**参加试点的单位和个人要向县农业局和所在单位提交申请，批准后经公示无异议，方可与经营性组织签订有偿服务协议，并将服务协议书上报县农业局和县农业总站备案留存。服务协议中明确各方权利义务，单位或个人开展增值服务不得损害或侵占本单位合法利益。**三是规范上缴资金管理。**制订专项资金管理办法，规定试点单位所取得收益全部归本单位统一管理，自主分配，服务人员、其他人员和单位按4：4：2分配。对参加试点的个人，要上缴工资组成中的岗位工资全额。此项资金上交到县农业技术推广总站统一管理，主要用作新技术试验示范推广经费和绩效考核奖励的补充。

（3）定期汇报总结，交流总结经验教训

参加试点的单位和个人每月上报工作完成情况和技术服务承包情况，每季度召开一次工作座谈会，全面交流总结试点工作经验。

2.创新试点主要成效

（1）加速现代农业技术的推广

"梨树模式"率先解决了东北黑土区玉米连作、秸秆焚烧导致的土壤退化以及衍生的环境问题，是适于东北黑土区应用的绿色耕作技术。通过"梨树模式"和"水肥一体化"滴灌技术模式推广，涌现了一批高产典型和高产地块，对梨树县农业生产起到了积极的推动作用。2017年全县推广玉米保护性耕作150万亩，实现粮食增产10%左右。2018年推广面积200万亩，在旱情严重的情况下，应用地块平均增产15%。

田间技术指导

（2）促进农业增产增效

技术人员在摸清合作社基本情况、了解其需求后，精心设计针对性指导方案，因地制宜指导应用现代农业新技术、优质新品种，取得显著的增产增收效果，提高了科技到田水平。例如梨树县葆枋农民合作社在技术人员的指导下发展绿色有机水稻生产，每亩平均纯收入1 316.7元，较常规种植玉米田增收明显。

（3）推进种植业结构调整

按照全县农村工作的部署，农技人员积极引导农民调整种植结构，提高经济作物在种植业中的比重，实现多业并举，改变玉米一业独大的局面，实现农业增效、农民增收。2017年以来，全县玉米播种面积调减了35万亩；大豆播种面积9万亩，花生播种面积9万亩，水稻播种面积14万亩，杂粮杂豆播种面积1.9万亩，薯类播种面积5万亩。2018年在全县打造15个以合作社为主的杂粮杂豆规模种植基地，在各乡镇每种作物设有2～3个连片的精品展示田，总面积1.11万亩，展示内容包括新品种、新技术、品牌打造、产品深加工等。

（4）满足新型经营主体发展需求

通过改革创新试点的实施，在农技人员指导下，提升了种植计划的制订、生产技术落实到田、合作社的运营等合作社的生产和管理能力。

（吉林省梨树县农业技术推广总站　王贵满　林宏）

江苏宝应：改革激励机制 激发农技推广新活力

江苏省宝应县试点工作的主要任务是：以基层农技推广考评激励机制改革为重点，进一步健全基层农技推广考评激励机制，激励农技人员尽职履职、创新创优。同时进一步健全基层农技人员聘用培训机制，提高农技人员综合素质，提升农技推广机构服务能力；进一步健全一主多元的社会化服务机制，探索市场化服务模式，优化农技推广手段和方式，拓宽服务渠道。

1. 创新试点主要做法

(1) 完善考核机制，认真组织机关工作人员考核

成立农技推广机构考核小组，制订考核办法，明确目标责任，确立考核标准，对照考核办法进行评分。镇区农服中心共分为四个等次，其中一、二、三等奖分别设立2个、3个、5个，未获奖的有4个；委机关及直属单位分两类进行考核，其中一类科室一、二、三等奖分别设立5名、6名、7名，二类科室一、二等奖分别设立2名、3名。机关工作人员奖金严格按照考核等次发放，2017、2018年农委机关及各下属单位共发放奖金120余万元，其中最少的奖金仅为最多的59%，改变了"干多干少一个样、干与不干一个样"的状况，有效调动工作人员的积极性。

(2) 组织定向培养，积极储备基层农技推广人才

积极引进大中专毕业人员进入县镇农技推广机构。与江苏农林职业技术学院等四所院校合作，采取"定向招生、定向培养、定向就业、定向招录"等方式，定向培养基层农业农村人才。2016年招收定向培养学生25名，2017年招收17名，2018年招收20名，目前已建立比较完善的合作机制，并将2016年定向培养学生纳入县委编办事业单位计划外用工库，分配到各镇农业基层一线工作，给予编内人员待遇。

定向培养工作座谈会

(3) 创新服务机制，大力推进农业社会化服务

以柳堡为农植保合作社、扬州田田圈农业科技服务有限公司等单位为承担主体，在全县大力推广植保社会化服务与商品化育供秧服务。通过行政推动、典型带动、考核促动等措施，积极推进社会化服务工作，至2018年底，共购置无人植保机60台、自走式喷杆喷雾机114台、机动喷雾（粉）机9 039台（其中担架式604台）。为加快推进社会化服务，县政府拨付专项资金用于补贴自走式喷杆喷雾机购置，对在县内作业面积达到1 000亩以上的每台补助1万元。

2. 创新试点的组织与管理

第一，切实强化组织领导。 县政府高度重视基层农技推广体系改革创新试点工作，成立全县基层农技推广体系改革创新试点工作领导小组，由县长任组长，分管农业的副县长任副组长，成员包括县委办、县政府办、纪委、编制、人社、财政、审计、农委等部门相关负责同志。同时，为确保基层农技推广体系改革创新试点工作有序推进，县农委还专门成立了工作小组，由县农委主任任组长，成员包括相关负责人和相关科室负责人，主要负责与上级部门和县有关部门的沟通联系、方案拟订、工作推进以及基层农技推广体系改革创新试点领导小组日常工作等。

第二，切实加强调查研究。 积极与省农委科教处联系，了解农业部关于试点工作的要求和全省农技推广体系改革创新的相关情况。借鉴洪泽县社会化服务试点、浙江省湖州市基层农技推广体系改革试点工作经验。此外，加强与县相关领导和部门的沟通联系，及时向县领导汇报，争取领导支持，并积极与县相关部门沟通，了解相关政策。通过召开座谈会、进村入户等多种方式，了解县镇农技人员，龙头企业、种植大户、农业园区、养殖大户等经营主体，社会化服务组织等不同对象对基层农技推广体系改革创新试点工作的看法和意见，吸纳他们的意见，并融入实施方案。

第三，切实加强方案拟订。 成立专门工作班子，针对全县农技推广体系实际情况，充分借鉴洪泽、浙江湖州等地先进经验，结合不同对象对基层农技推广体系改革创新试点工作的建议，认真制订改革与创新试点工作方案，经工作班子多次讨论、修改、完善，由县政府办行文批准，并上报至省农委、农业部。

第四，切实加强工作推进。 根据方案和部省要求，综合各方力量，积极推进改革创新试点工作。为有序推进改革创新试点工作，省农委下拨专项100万元，专门用于改革创新试点工作的村级服务站示范站建设、镇级农技推广示范中心建设、基层农业农村人才定向培养、技术人员培训、兽药质量追溯体系建设及新品种推广、商品化育供秧、植保社会化服务等工作。

3. 创新试点主要成效

(1) 提升农技人员工作积极性

良好考核机制能更好地调动农技人员的积极性，让想作为、敢作为、善作为成为自觉。创新考核评价机制，解决了干与不干、干多干少、干好干坏一个样的问题，形成了比学赶超、创先争优的新气象，让身处在每一个岗位上的农技人员都意识到责任和压力，感受到激励的魅力，体会到担当作为的成就和快乐，发现、表彰、奖励有担当有作为的农技人员，也使他们在工作中起到带头引领作用。

(2) 优化基层农技人员队伍结构

通过人员招录和定向培养吸纳了来自其他地方的优秀技术人员或者大专院校的毕业生，补充到基层一线，逐步壮大基层力量，对全县基层农技推广队伍的学历结构和年龄结构起到明显的优化作用。

(3) 健全农业社会化服务体系

社会化服务的迅猛发展，为小农户发展大生产、融入大农业、对接大市场搭建了平台，探索了路子。社会化服务组织通过成立分社、服务站等方式，为农户提供辐射范围广，覆盖产前、产中、产后等多环节的立体式服务，且在农资采购、病虫害防治等环节服务相对突出。据统计，2018年宝应县社会化服务组织共为全县的14个镇区配送农资2亿元、集中育秧5万余亩、统防统治10万余亩、粮食购销10万余吨、技术培训1万多人次，带动农户5万余户，节本增收1亿元以上。

（江苏省宝应县农业技术推广中心　陆艳）

江西宜丰：融合农技服务体系　挖掘农技推广潜力

江西省宜丰县在农技推广体系改革创新试点工作中遵循"强公益、活经营、促融合"的思路，以推进农业供给侧结构性改革为主线，以基层农技推广机构、农技人员与农业新型经营主体相融合为重点，创建全国五星乡镇农技推广机构5个，开展重大农业技术协同推广，构建起一套新型基层农技推广服务体系，推动农业生产走向精准化、自动化、标准化、规模化发展方向。

1.创新试点主要做法

（1）打造多种融合模式

新型农业经营主体是农村产业融合的"火车头"和"推进器"，为提供适应其发展的农技推广服务，宜丰县结合不同主体生产特点，积极开展增值服务试点，探索出五种主要融合发展模式。**一是"党建+农技服务"与大学生返乡创办的农业新型经营主体融合。**为发挥党组织在基层农技推广战斗堡垒作用和共产党员的先锋模范作用，宜丰县在创新试点中推行"党建+农技服务"的方式，通过为新型经营主体提供个性化、保姆式的农技服务，新庄镇农技推广服务综合站与由返乡大学生姚慧锋创办的宜丰县稻香生态水稻专业合作社融合发展，利用中共宜丰县稻香生态水稻专业合作社支部平台，组织农技人员中的党员与合作社党员结对，为宜丰县稻香生态水稻专业合作社提供面对面全程服务，通过制订生态水稻生产技术操作规程、帮助合作社社员建立农技宝平台，为社员提供产前、产中、产后服务，协助合作社创建"姚社长"和"稻香南垣"两个品牌，开发休闲旅游等新产业。**二是农技人员与农业新型经营主体融合。**通过选用农技人员挂职的形式，鼓励农技人员在做好本职公益性工作后，重点提供品牌服务，为金禾农民专业合作社打造有机大米品牌，在规范金禾农民专业合作社有机稻种植技术规程，强化农产品质量安全方面提供有机水稻种植、烘干、收割、投入品管理、病虫害绿色防控和植保无人机技术服务。**三是农技人员为返乡创业农民提供个性化服务。**例如，农技人员为返乡农民创办的宜丰县惠农植保技术服务专业合作社提供水稻病虫害预测、防治和管理规范化方面技术转让、技术承包等服务。**四是农技推广机构与农业大公司合作。**宜丰县双峰林场农业技术推广服务综合站与上海巷农经贸有限公司宜丰分公司签订协议，针对性开展技术培训、绿色水稻生产技术推广、农业投入品管理和市场开拓等个性化服务，协助上海巷农经贸有限公司宜丰分公司解决绿色水稻生产技术、农产品质量安全和市场开拓等问题。**五是农技推广机构与当地"土专家"农业经营主体融合。**宜丰县芳溪镇农业技术推广服务综合站与"土专家"创办的宜丰县芳溪镇芭蕉种养专业合作社融合发展，实行产供销一体化融合服务，在全面提高公益性农技推广质量的前提下，做好技术培训、新技术应用和农产品销售等面对面全程服务。

（2）搭建高质服务平台

为破除服务手段单一、覆盖面不广等问题，统筹兼顾小农户的服务需求，宜丰县打造多元化、高质量农技推广服务平台。**一是建立实时信息服务平台。**通过宣传栏、手机短信、实地指导等提供实时信息服务，发布各类农业信息312期，发放病虫防治技术资料40余万份，技术人员下乡实地指导5 000余人次。利用"12316"农业热线，向1万户农户发布主导品种、主推技术、病虫害防治、农产品供求等相关农业资讯。**二是创建五星级服务平台**。在完成农技组织体系完整、职责任务明确、运作方式高效、保障措施到位目标任务的前提下，创新机制，深化体系改革，围绕能力提升、星级评定、示范引领、人才引进等方面开展工作，由县委、县政府两办下发《宜丰县农业服务综合站星级评定办法》，针对乡镇（场）农技推广服务综合站的各项工作制订详细考核细则，对每项工作量化评分。

（3）规范服务工作程序

为确保服务工作有序开展，保障技术人员与农业主体权益，宜丰县设定了农技推广服务具体工作程序。**一是实行双向选择**。充分考虑技术人员和服务对象的条件和要求，做到需求与农技供给服务相协调。广泛听取各农业经营主体的需求意愿，建立台账，选择业务能力和技术特长相匹配的农技人员对接，经双方沟通、互相选择，确立合作意向。**二是签订三方协议**。在双方意愿达成一致的基础上，农业经营主体和农技人员向县农业局提出书面申请，县试点工作领导小组与农技人员所在单位协调，由经营主体、农技人员、农技人员所在单位三方签订《宜丰县基层农技推广体系与改革创新融合试点工作协议》，明确各方权利义务、服务期限等，服务内容向社会公布，并上报相关部门备案。**三是绩效考核取酬**。根据协议内容和工作实况，制订融合工作绩效考核制度，协议期满后，经主管部门、所在单位检查验收后取得合理薪酬。增值服务所获得的收益全部归所在单位自主分配，纳入单位预算，实行统一管理，按照直接参与服务人员占40%进行分配，且规定农技人员取得的薪酬不超过工资总额的20%。

2.创新试点的组织与管理

第一，传达文件精神，统一思想认识。收到《农业部办公厅关于开展基层农技推广体系改革创新试点的通知》和《江西省农业厅办公室关于做好基层农技推广体系改革创新试点工作的通知》文件后，县委和县政府高度重视，县级分管领导多次进行专题研究，同农业行政管理部门和农技推广机构就开展基层农技推广体系改革试点工作的必要性和重要性进行深入交流，统一思想认识，为做好创新试点提供有力保障。

第二，精心组织调研，科学制订方案。根据创新试点文件要求，县委县政府组织了纪检、组织、编制、财政、人社、审计等各有关部门负责人和农业农村、畜牧水产、农机、各乡镇（场）分管领导开展体系创新试点工作专项座谈，对如何开展好基层农技推广体系改革创新试点工作提出意见和建议。在充分调研基础上，拟定《宜丰县开展基层农技推广体系改革创新试点工作的实施方案》，组织全县乡镇（场）分管农业农村工作的领导及综合站站长进行讨论，最后以县委办、县政府办名义下发文件。

第三，细化工作目标，确定实施细则。按照实施方案要求，农业与休闲旅游融合、新型农业经营主体相互融合、乡镇（场）农技推广服务综合站与经营性组织融合、农科教产学研一体化服务融合、建立农业产业协会等创新模式，完善农技推广服务综合站和农技人员考核制度，通过农技推广机构和新型农业经营主体融合、农技人员在新型农业经营主体挂职和提供"订单式服务"等形式，全县整体推进了创新试点工作，将每一项试点工作目标落实到位，各个乡镇（场）也制订了具体、详细操作方案，签订了协议书。

第四，加强组织领导，落实激励措施。成立由县人民政府县长任组长，分管领导任副组长，组织、纪检、编制、财政、人社、审计、农业农村、畜牧水产、农机、各乡镇（场）等部门负责人为成员的改革试点领导小组，领导小组办公室设县农业农村局，由县农业农村局局长任办公室主任。完善乡镇（场）农技推广服务综合站和农技人员考评机制，并建立试点工作的试错、容错和纠错机制，有效激发乡镇（场）农技推广机构和农技人员工作积极性。

3. 创新试点主要成效

（1）服务过程更主动

通过试点，农技推广人员的经济待遇有明显改善，农技人员的工资补贴收入略高于同类公务员和教师人员，农技人员参与农技推广的积极性明显提升，农技人员从事农技推广的观念由"要我服务"转变成"我要服务"，进一步激发了基层农技推广活力。

（2）增产增收更显著

宜丰县惠农植保技术服务专业合作社通过融合服务，统防统治面积由2016年的49 163亩次增加到2018年的68 500亩次。每亩用药量减少10%～20%，每亩直接节约成本10元左右，农民和合作社均获得较大利益；上海港农经贸有限公司宜丰分公司通过融合，公司基地面积由2016年的1 000亩发展到2018年1 500亩，生产基地绿色防控面积达100%，水稻亩产达500千克以上。

（3）特色产业更亮眼

通过农技推广机构和农技人员的技术服务，参与的新型农业经营主体无论是在规模上、技术上、效益上都有明显提高。新庄镇农业技术推广服务综合站为宜丰县稻香生态水稻专业合作社提供产前、产中、产后全程化的增值服务，2018年合作社增加生态大米种植基地1 000亩，发展社员100人以上，合作社在由原来的生态水稻单一订单生产逐步向规模化、集成化、可追溯的有机水稻生产转变，大大提升了水稻生产的经济和社会效益。

（江西省宜丰县农业农村局　曹勇）

四川崇州：创新运行管理机制　提升农技推广服务效能

崇州市面积1 090平方公里，辖18镇6乡1街道231村，人口67万，其中农业人口46.2万，耕地面积48.6万亩，是全国新增5 000万吨粮食生产能力建设县、全国新型职业农民培育示范县、全国首批基本实现主要农作物生产全程机械化示范市、国家现代农业示范区"以奖代补"试点县、全国农村承包土地经营权抵押贷款试点县、全国土地经营权入股发展农业产业化经营试点县。全市共设立23个农业综合服务站，编制127人，实际在编在岗人员102人；服务站实行"条块结合、以块为主"的管理体制；每站根据工作职责落实农技、畜牧、农机技术推广、动植物疫病防控、农产品质量安全监测等公益性农技推广服务岗位。自2017年被纳入全国36个农技推广体系改革创新试点县以来，崇州市结合自身实际，在鼓励农技人员创新创业、建设农科教产学研一体化农技推广服务联盟、支持市场化农技推广服务主体发展等方面积极探索、努力实践，为推进农业供给侧结构性改革、加快农业现代化提供了有力支撑。

1. 创新试点主要做法

（1）积极鼓励农技人员创新创业

崇州市出台了《崇州市鼓励基层农技人员创新创业专项改革试点方案》，明确了县、乡两级基层农技推广机构中，在编在岗具有农业科技项目或个人专利成果的中高级专业技术职务或农业工程师以上职称的专业技术人员，可采取离岗或兼职方式在市内开展创新创业活动。

（2）积极建设农科教产学研一体化农技推广服务联盟

依托崇州现代农业功能区，强化科技合作，与四川农业大学、成都市农林科学院等院校共建校地合作工作站和农业科技成果转化、人才孵化"两化"基地，着力探索实践合作供需对接制度化与有效化；完善校（院）地人才合作培养机制，实施农村人才"培根"行动，委托院校培育乡土人才、返乡人才、农业职业经理人、基层农技人员等。积极探索校（院）市发展共同体和校（院）企利益共同体，不断创新合作方式，形成与服务产业发展挂钩的利益共享机制，实现了农业实用技术成果组装集成、试验示范和推广应用的无缝链接。

（3）大力支持市场化农技推广服务主体发展

出台《崇州市政府购买农业公益性服务机制创新试验实施方案》，在政府购买农业公益性服务的主要内容、经费保障、评价监管、服务管理机制和扶持方式等方面积极试点、探索创新，着力育主体、促整合、建机制，推进农业生产专业化社会化服务，有效促进了小农户步入现代农业发展轨道。

（4）强化政策扶持与奖励措施

出台《崇州市鼓励基层农技人员创新创业专项改革试点方案》等指导性文件，依托四川农业大学农业科技成果转化、人才孵化"两化"基地和崇州市农业社会化综合服务总部基地，为农技人员创新创业提供科技服务和创新创业平台。鼓励基层农技人员以技术入股、技术承包等形式，独立兼并、合资（合作）或创办领办科技型企业、农民合作社、科技示范基地，制订创新产业规划、创办领办项目优先立项、重大科技创新项目优先投入、农业科技项目基础设施优先配套等扶持政策，对创新创业人员出台保留人事关系、享受相应工资待遇、连续计算工龄、奖励性绩效等优惠政策，有效破除制约农技人员创新创业的体制机制障碍。同时，崇州市财政设立500万元基层农技人员创新创业专项资金和"创新创业之星"等奖项，支持农技人员参与农业专业化、社会化服务，开展品牌培育、电商营销、技术咨询等。对成绩突出、效益明显农技人员给予3 000元现金奖励，对投资额较大的农业科技经济实体按比例实行现金补助，对参与试点的农技人员实行项目倾斜、财税减免、贷款贴息、有偿服务、个人奖励等政策，明确农技人员对产生的科技成果主张收益权，激发农技人员创业的主动性和创造性。

（5）创新科技合作方式

一是提升合作层次。在崇州现代农业功能区，依托与科研院所共建的校（院）地合作工作站和农业科技成果转化、人才孵化"两化"基地，建立科技成果库、人才资源库和企业技术需求库，定期召开联席会议，及时研究产业发展、成果转化、人才引育、资本运作、对外合作等方面的重大事项，集成推动土壤改良、稻田综合种养、种养循环、全程机械化等农业科技成果转化与应用；鼓励院校专家（团队）携技术成果到园区创领办企业，鼓励院校大学生、科技人员等高层次人才到园区创新创业，实现合作供需无缝对接。**二是创新合作方式**。积极推进由"高校供项目、政府给补贴"的简单合作关系向"政府建基金、校院企作为"的合伙人关系转变，由市政府发起设立农业科技产业发展基金，委托国有平台公司管理，制订《崇州市农业科技产业发展基金管理办法（暂行）》，引导社会资本、科研院校共同参与，用于科技研发、成果转化、基地建设、人才孵化、产业发展等，通过"科技研发＋孵化企业＋成果转化"的方式，推动技术创新和科技成果转化，培育科技人才团队和科技型领军企业，政府投资收益持续补充到农业科技产业发展基金中，实现自我造血、可持续发展。积极探索由成都华地永盛农业发展有限公司出资、四川农业大学水稻研究所以技术入股，共同注册成立水稻研发推广公司，设立首席专家，围绕农业创新链、人才链、供应链、价值链、产业链，推进水稻种业、功能大米、大米精深加工、水稻种植技术等研发与推广，形成与服务产业发展挂钩的利益共享机制，加速科技成果研发与转化。

（6）育主体、促整合、建机制

一是培育两大主体。充分运用农村承包土地经营权确权颁证成果，引导农户成立土地股份合作社，大力发展家庭农场，切实抓好生产主体培育，推动土地适度规模经营；紧扣技术咨询、农业劳务、全程机械化、农资配送、专业育秧（苗）、病虫统治、田间运输、粮油烘储等专业社会化服务，坚持主体多元化、服务专业化、运行市场化，培育专业服务公司、服务型合作社、专业服务队等多元服务经营主体。**二是促进三大整合。**积极促进公益性和经营性服务整合，依托公益性基层农业综合服务站，利用服务站服务场地，引导富民农资、永欢农机、一稼禾农业等农业公司，利用公益性基层农业综合服务站场地建成"一站式"农业服务超市，加快构建公益性和经营性协调发展的服务机制；积极促进财政投入和社会投入整合，全市整合涉农项目投入资金 2 000 万元，引导富民农资公司社会资金投入 3 000 万元，建成农村社会化综合服务总部基地，搭建农村社会化综合服务平台。财政投入土地托管服务资金 700 万元，耘丰农机合作社投入 701 万元，建成土地托管为农服务中心；积极促进政府购买服务和主体提供服务整合。2018 年，引导 71 个农业服务主体，成为实施中央农业生产社会化服务财政项目、土地托管服务试点项目、政府购买农业社会化服务试点项目实施主体。**三是构建四大机制。**探索建立服务流程机制。通过需方、供方、技术人员三方（以下简称"三方"）讨论制订农业生产托管服务"十步流程法"，推进农业生产托管服务规范化、标准化发展；探索建立服务标准监管机制。通过"三方"讨论制订全市农业社会化服务标准，公开公示，接受市农发局监督管理，保护小农户权益；探索建立服务收费协商机制。每年初召开"三方"服务价格协商会议，形成当年服务价格，并将服务项目、内容、质量、价格等在农业服务超市公开公示、明码标价、杜绝恶意竞争、垄断等破坏市场的行为；探索建立服务质量回访机制。基层农业综合服务站建立完善信息反馈渠道，对服务主体进行全程指导监督，及时指导纠正技术问题，调研服务对象接受服务满意度，确保服务质量。

2.创新试点主要成效

（1）有效增强农技推广服务活力

通过鼓励农技人员创新创业，积极提升农技推广服务效能和服务动力。农技人员罗通自受聘于耘丰农机专业合作社以来，致力于"水稻育插一体化服务项目"实施，2018 年提供机插育秧商品苗 2.65 万亩，实施高水平机插 1.85 万亩，为崇州市粮食适度规模经营及种粮大户带来的生产增收节支价值超过 200 万元；同时，积极探索创新农机作业资源协作模式，目前协作团队涵盖崇州市 7 家农机合作社和省内外 3 家农机企业，已逐步成为农机作业的"支付宝""余额宝"，稳步提高了农机装备的利用率和使用效益。农技人员所受聘的耘丰农机专业合作社被四川省农业厅评为"省级示范社"、被成都市农机协会评为"农机社会化服务十佳优秀单位"、被农业部授予"全国农机合作社示范社"称号、被中国农机协会授予"2017 中国农机行业年度大奖 - 合作社农机化杰出服务奖"。

（2）有力促进科技成果转化应用

通过建设农科教产学研一体化农技推广服务联盟，四川农业大学已建成 2 万平方米农业科技成果转化和高端农业人才孵化总部大楼及 10 个学科科研试验区等基础配套设施等，中国工程院院士荣廷昭、长江学者特聘教授吴德等 50 余名专家教授在基地实施国家自然科学基金项目、国家重点研发计划项目等科研项目 15 个，展示农业科技成果新品种 470 余个。成都市农业科技职业学院济协现代农业创新创业示范园，已建成总面积 758 亩的休闲体验、农事教育、设施农业等试验区 11 个。市农林科学院羊马科研试验基地，已建成总面积 556 亩的粮油、畜牧、农村新能源等科研试验区 6 个；引进李家洋、韩斌、谢华安等院士在隆兴镇黎坝村建立试验田，展示水稻新品种 25 个；依托四川农业大学、省农科院、成都市农林科学院，建成 1 000 亩长江中上游优质水稻新品种集成示范基地，展示水稻新品种 376 个。推进功能大米、水稻种业等研发，建设2 000亩功能性大米基地、1万亩水稻种业基地、2万亩稻田综合种养基地；在隆兴镇黎坝村、锦江乡新华村布局彩色水稻大田景观，推进农旅融合发展；依托四川农业大学等科研院所，培育农业职业经理人1 630人，培训县乡两级农技人员449人次。

（3）切实提高农技推广供给质量效率

通过支持市场化农技推广服务主体发展，培育专业化农业社会化服务组织，建立健全服务体系，有效提升了农技推广服务能力和水平，对推进全市农业生产规模化、标准化、集约化和机械化起到重要促进作用。2018年，土地适度规模经营36.87万亩，土地适度规模经营率71%；培育农业经营性服务主体147个，购置水稻插秧机256台、大中型拖拉机289台、联合收割机128台、粮食烘干设备46台、背负式机动喷雾器690台、高地隙式植保喷雾机8台、单架式喷雾机9台、植保无人机13台；全市农业机械化综合水平达83.3%。全市开展水稻机耕服务18.06万亩、育秧服务7.21万亩、机插服务7.01万亩、机防服务7.12万亩、机收服务11.31万亩、稻谷烘干服务4.3万吨、稻谷仓储服务4.1万吨，共有5.64户农户接受服务，水稻增产4 035吨，带动全市农民增收1 085万元，户均增收192元。

（四川省崇州市农业农村局　袁鸿）

宁夏灵武：创新基层农技推广机制　助推乡村振兴

灵武市是宁夏银川平原引黄灌区的重要组成部分，位于宁夏回族自治区经济核心区的中心地带，土地资源丰富，灌溉便利，农业发展历史悠久。粮食播种面积达23.06万亩，总产量达1.53亿千克；瓜菜面积4.89万亩；牛、羊、猪饲养量分别达7万头、340万只和26万头。灵武市农业农村局设有农业科技推广事业机构16个，其中市级5个，乡级11个。核定技术部门在岗农技推广人员193名。登记备案的涉农专业合作社185家，农民家庭农场165家。在试点工作中，灵武市积极探索基层农技推广体系改革创新服务模式，农技推广部门与经营性服务组织融合发展，推行农技人员与新型农业经营主体双向选择服务模式，开展"一对一""一对多""多对一"公益服务，鼓励有条件的农技人员开展自主创业，依托农业龙头企业、农机作业公司、专业合作社、家庭农场，大力推进基层农技推广体系体制改革和机制创新，为推进农业供给侧结构性改革、乡村振兴战略发挥了积极作用。

1. 创新试点主要做法

（1）促进农技推广部门与经营性服务组织融合发展

农技推广中心按照"测、配、供、施"一站式服务原则，指导农利达、鑫旺植保等社会化服务组织配置购买施肥决策一体机建立智能化配肥站，将数据管理、施肥决策、个性化配肥融为一体，根据农户或者合作社等新型经营主体的需求，开展个性化配方肥生产推广应用。深化植保服务，充分发挥农技部门的技术优势、人才优势，结合社会化服务组织的组织优势、资金优势，集成植保机械装备、技术力量，应用新型施药机械，测土配方施肥专家咨询系统，为农户提供专业化、标准化的统防统治技术服务。同时，财政每年安排一定数量专项经费用于扶持社会化服务组织开展各类专业化服务工作。对服务效果较好的农业社会化服务组织，在申报各级农业社会化综合服务站建设项目和财政扶持示范推广项目时优先予以安排，享受产业化后补助项目。

（2）强化农技人员深入服务新型经营主体

组织农技推广机构业务骨干深入涉农主体园区开展新品种、新技术示范推广服务。农技

植保飞防现场

智能化配肥站

中心高级农艺师兰保国被鑫旺植保合作社聘请担当技术指导，指导涉农主体建立水稻产业技术联盟，有效促进多家服务组织与农户建立服务与信任关系，实现多方共赢效果。灵武市农利达农资公司与农技人员杨学斌、季文、俞宏彪等签订双向选择合同，设立专家坐诊，联合其他服务组织，开展一主多元社会化服务活动。水产中心杨金城、黄军红等水产工程师指导水产养殖经营主体率先引进低碳高效池塘循环流水养殖技术、推广示范应用水产养殖物联网智能监控系统等技术，实现传统渔业手工操作转向远程智能自动化操作管理，达到节能降耗、绿色环保、增产增收的目标。

（3）鼓励农技人员自主创新创业

结合科技特派员有关政策，鼓励有条件的农技人员开展自主创业。灵武市农业技术推广中心史进既是一名农技人员，也是种植专业合作社法人，从事农业技术推广工作长达20余年，于2008年成立灵武市甘甜脆无籽西瓜种植专业合作社，于2013年成立灵武市沃益农种植专业合作社，主要从事以各类瓜菜种植、种苗培育、技术服务、病虫害防治、技术培训、技术交流、咨询服务和产品销售为一体的特色种植业务，目前已发展成为灵武市、银川市、自治区三级示范合作社。合作社现有社员110人，辐射带动服务农户800余户，先后流转土地14 000余亩，在灵武市郝家桥镇泾灵村（生态移民村）建设永久性蔬菜基地1个、标准示范园1个、有机蔬菜种植基地1个，年种植各类瓜菜1 200余亩，产值600余万元，年解决劳务用工3.5万余人次，发放劳务工资220余万元。结合闽宁协作，史进与福建沈佳农业科技发展有限公司、深圳市阳光庄园农业科技有限公司、宁夏巨日现代农业科技有限公司、广州白云区松洲金山鲜果行等公司合作，立足"创新驱动"，以成熟度高的"源头严控制、去向可追溯、出厂有检验、客服人性化"的有机全产业链运作模式为基础，向上、下游关联度高行业延伸，实现从有机

现场技术指导

移民村蔬菜大棚

蔬菜向产品多元化有机食品的跃进，共同打造宁夏有机蔬菜种植基地。通过近一年战略合作，灵武市沃益农有机蔬菜基地基本建成，形成了具有良好社会、生态和经济效益的农业生态系统，合作社经济效益实现高质量增长，技术化、品牌化、绿色化发展基础更加夯实，形成了一套可供借鉴的发展经验，不仅扩大了灵武特色种植规模，还对当地移民就业安置起到了很大作用。

2.创新试点主要成效

（1）促进"一主多元"模式带动产业发展

建立和完善政府推进、"公益性机构＋社会化服务组织"融合发展的运行机制，保障社会化服务健康有序发展。发挥政府引导、部门指导、社会组织主导、农户受益的叠加效应，逐步将传统公益性服务和经营性实体各自为政单打独斗农业服务方式转变为公益性和经营性服务协调融合、全程跟踪、精准服务模式，全面提升服务能力和水平，为加快科技成果转化、解决农技推广"最后一公里"问题提供了新思路。

（2）搭建新型经营主体与农户合作新桥梁

技术骨干进入农业园区开展新品种、新技术指导服务，成为新型经营主体与农户之间的联结纽带，如，在推行土地全程托管、半托管、入股分红等模式过程中，涉农主体与农户沟通有困难，而借助农户对技术人员的信任，有效促进新型经营主体与农户建立起服务与信任关系，减少了服务组织之间及农户之间的沟通难度，让农民接受更容易，服务运作更畅通，实现多方共赢效果。

（3）创新机制激发技术人员潜能

农技人员利用自身优势创办实体，影响带动其他涉农主体建立产业联合体、达成利益联结机制，带动了全市特色种养基地的健康发展。史进等农技人员立足扶贫地区，创办实体建设特色基地的做法为农技人员创新创业提供了典范。

（4）促进一二三产业融合发展

2018年以来，以梧桐树、白土岗乡为重点，大力发展外向型蔬菜产业，精心打造"五优"蔬菜基地。依托蔬菜产业联合体，在梧桐树乡成功举办灵武市农产品产销对接会，来自重庆、武汉、汕头等地的26位客商与灵武市21家合作社、农业公司现场签约1.6亿元的蔬菜订单；大力推广先进农业机械及农机化新技术，促进农机农艺高度融合，引进极飞P30植保无人机8架、智能化监测装备16台套，率先建设全区首家区县一体农业综合智能化生产示范园区，三大粮食作物全程机械化率达96.7%；结合特色产业发展实际，指导龙头企业组建成立优质大米产业、蔬菜产业、羊产业等联合体等，通过"互融共建、互助共赢"发展模式，把小农经济与现代农业有机结合起来，取得"1+1>2"的实际成效。

成立灵武市蔬菜产业联合体

灵武市蔬菜基地

（宁夏回族自治区灵武市农业农村局　王淑梅　杨志锋）

第三篇

农业重大技术协同推广计划

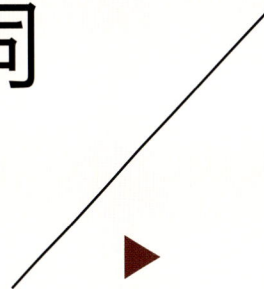

协同推广计划实施总体情况

农业现代化关键在科技进步和创新，新时期农业高质量发展对科技创新提出了新要求。2018年以来，农业农村部组织在内蒙古、吉林、江苏等8个省份开展农业重大技术协同推广计划试点（以下简称"协同推广试点"），取得了阶段性成果。

（一）实施背景

当前，我国农业发展正从"数量保障型"向"质量推动型"转型，从"增产"向"提质"导向转变，对科技创新提出了新要求。技术推广是科技成果落地的关键环节，迫切需要创新机制，着力解决农业技术供给"缺""慢""散"等问题。

"缺"，缺引领转型的重大技术。新时期随着农业转型升级，农业科技有效供给匮乏问题凸显。**缺高质量技术**，突出表现在增产技术多、提质技术少，大路品种多、名优特色品种少。**缺绿色技术**，突出表现在资源消耗技术多、节本增效技术少，注重生产功能技术多、强化生态环保技术少。**缺适应全程机械化技术**，突出表现在常规品种多、适应机械化作业的品种少，适应产中机械化的技术多、适应产前产后机械化的技术少。

"慢"，科技成果转化应用慢。农民需要组装集成配套好的、能够直接用的技术，但现在的很多技术**要么配套不够**：好品种、好技术、好装备散落在多个单位，没有组装集成到一起，农民没法用；**要么熟化不足**：技术虽然组装到一起，搭起了架子，但成熟度不够，农民不好用；

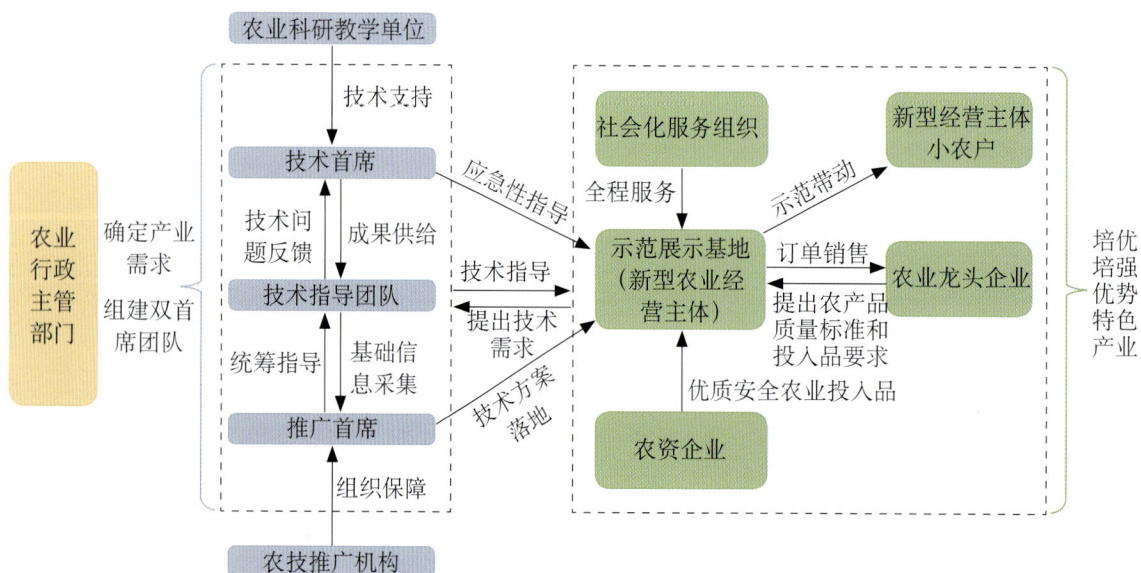

农业重大技术协同推广流程

要么简化不到位：虽然技术组装好了，也相对成熟了，但规程复杂、操作繁琐，农民不愿意用。

"散"，农技推广服务力量散。我国农技推广力量众多，还没有围绕主导产业集中资源。**推广重点散：**围着手头成果推的多，聚焦农业主导产业系统部署转化链的少。**组织方式散：**推广单项技术多、一体化综合技术解决方案少，各类主体推广力量单打独斗多、高效协同少。**依托载体散：**各类基地建了一大批，但上下游试验、示范基地连不起来，同类型基地左右互动不起来，运行效果大打折扣。

协同推广试点，就是为解决上述问题，让需要的引领转型技术"补"起来，让科技成果转化应用"快"起来，让农技推广服务力量"合"起来。试点的核心是：以培优培强农业优势特色产业为目标，以重大技术推广为主线，以绩效评价为激励约束，构建需求关联和利益联结机制，全方位统筹成果、人才、基地等要素资源，有效集聚推广机构、科教单位、涉农企业、服务组织等各类力量，推动省、市、县三级上下协同，政、产、学、研、推、用六方主体左右协同，形成农技推广服务强大合力，构建以创新为主要引领的农业技术供给体系和绿色高效发展模式，将农业科技优势转化为产业优势和经济优势。

（二）组织实施

1."对症下药"。企业和农民需要什么技术就集成推广什么技术

过去的推广很多是"有什么就推什么"。"产学研"颠倒成"研学产"，上游科研院校有什么成果和技术，下游推广机构就转化什么样的成果、推广什么样的技术，往往推的农民不想要、农民想要的没有推。**协同推广试点是"需要什么才整合推广什么"。**把农民、农技人员、

吉林省杂粮杂豆产业协同推广

科研人员有效组织起来，大家建立了联系、变成了熟人、畅通了信息，生产中要什么品种、什么技术，上游科研院校就集成什么，下游推广单位就示范推广什么。这样产业的需要能够反馈到研究环节，通过协同实现快速落实。

2."按需组团"。技术任务需要哪些专家就邀请哪些专家，组成推广、科研"双首席"领衔的产业技术团队

过去的推广一般都是"先选单位、后定任务"。就是先定哪些单位来实施推广，然后再决定具体任务，由于这些单位中不一定有精通各个领域任务的专家，推广效果要么大打折扣、要么见效很慢。**协同推广试点是"先定任务，再选专家"。**首先，根据任务遴选确定推广和科研"双首席"，推广首席领衔，推广单位任组长单位。其次，根据具体领域任务，通过定向委托、择优遴选等方式确定相关专家，可以是来自省市县推广、科研、教学单位的专家，也可以是企业技术骨干、乡土专家。团队在推广首席的带领下开展协同推广，任务和专家的精准匹配，助推了协同推广试点工作的顺利开展。

广西协同推广试验示范基地

3."样板引领"。依托基地整合人才、成果、资金等要素资源，构建链式模式让技术快速转化应用

农民更相信眼见为实，试点省份选择基础较好、技术先进、带动作用强的农业科研试验基地、区域示范展示基地，集成示范优质绿色高效技术，组织农技人员、种养大户等开展技术培训和指导服务，建立起"农业科研试验基地＋区域示范展示基地＋基层农技推广站点＋新型农业经营主体"的"两地一站一体"链式推广服务模式。通过做给农民看、带着农民干，促进农业技术服务与产业需求的有效对接。

（三）实施效果

1.建立"高效协作"的组织机制，实现推广服务力量协同

把政府和市场协同到一起。既坚持省级主管部门统筹，充分发挥政府的宏观指导作用；又吸纳企业、农民加入，让他们提需求、做示范、搞销售，广泛调动社会力量。**把涉及推广的人员协同到一起。**高校、科研院所、推广机构、企业、农民通过协同推广聚到了一起，围绕共同的目标一起干事情。**把各种资金协同到一起。**创新转移支付经费支持方向，强化重大技术推广投入力度；把高校、科研院所的研发资金，企业和农民的生产资金吸引到一起，提高了政府资金和社会资本的使用效率。江西试点中，省农业农村厅统筹组织，各级项目单位各司其职、上下贯通，各类主体定期会商交流，在生产实践中发现问题解决问题，高质高效完成协同推广任务。院校的已有科研项目资金、农民合作社的生产投入，也聚集到了一起。产业技术团队采取岗位责任制形式，与实施主体1对1精准对接。**广西**试点中，将省级农业科技创新团队、新型职业农民培育工程的优势平台、优良成果、优秀人才与协同试点任务紧密结合，实用、管用的科技成果快速转化应用，下步研发方向更加明确，农业生产经营者缺品种、缺技术难题得到解决，实现了"1+1+1>3"的预期效果。

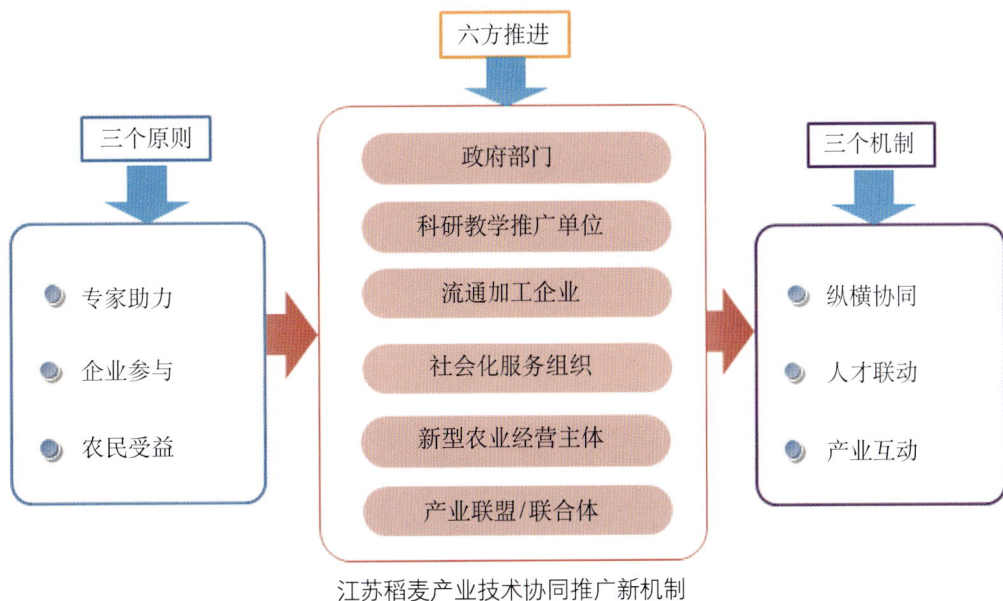

六方推进

三个原则

- 专家助力
- 企业参与
- 农民受益

- 政府部门
- 科研教学推广单位
- 流通加工企业
- 社会化服务组织
- 新型农业经营主体
- 产业联盟/联合体

三个机制

- 纵横协同
- 人才联动
- 产业互动

江苏稻麦产业技术协同推广新机制

2.建立"互利共赢"的利益联结机制，实现参与人员利益协同

科研人员的成果真正落了地。参与试点的专家表示，以往科研人员搞推广大多是附带行为，去生产一线调研机会少，对市场行情把握不准。协同推广试点开展后，与一线农技人员、生产人员联系密切，加速了成果落地，科研方向也更加精准，有了满满的获得感和成就感。**推广人员提升了服务能力**。传统农技推广服务缺乏创新和实实在在的效果展示，服务效果不佳。协同推广试点的开展，将推广人员与科研院校、新型经营主体聚到一起，技术指导更精准、技术熟化更及时，重大技术推广更有实效，推广人员也得到实时、连续的实践锻炼，业务能力大幅提高。**企业和农民找到了适用的技术**。很多企业和农民反映，特别需要先进适用的技术，过去由于沟通渠道少，要么找不到、要么找不准，甚至不知道找谁问。参加协同推广试点后，他们的"朋友圈"越来越大，有科研院校的、有推广机构的、甚至还有省级部门的，再有需要时知道找谁、也知道问谁，即使暂时解决不了的问题也会让专家们知道，后面可以研究解决。

3.建立"双向反馈"的信息贯通机制，实现技术信息供需协同

协同推广试点把推广相关的"上中下游"的科研人员、推广人员、企业和农民串联在一起，建立技术供需信息的传递通道。科研和推广人员根据农民需求信息，组装集成相关技术，示范推广应用，**实现了推广的重大技术"从上到下"贯通**。农民把示范推广技术的不足和问题，及时告诉科研和推广人员，进行进一步的熟化和完善，**实现了推广的重大技术需求"从下到上"贯通**。企业和农民还会将市场的情况、生产中遇到的其他有关问题和需求信息，及时告诉科研人员，形成真正来源于生产的科研选题，**实现了从源头上解决科技成果难落地的问题**。吉林杂粮杂豆产业把销售企业纳入协同推广团队后，发现杂粮杂豆产业市场规模小，种植过多易造成产品过剩、影响价格，要合理确定种植规模；协同中还发现没有杂粮杂豆专用的农药和标准，迫切需要研发和制订，通过协同找到了科研的盲点。

（四）推广应用

1.优势特色产业发展带动作用明显

湖北水稻+产业技术协同推广团队，构建稻粮统筹、稻经轮作、稻禽协同、稻渔共生等"水稻+"高效模式，在稳定粮食生产的同时，为市场提供了优质的农产品。**四川**猕猴桃协同推广团队，培育的高品质红心猕猴桃大范围应用于生产，得到行业充分认可，市场竞争力突出。2018年红心猕猴桃种植户亩均收入增加3 000元以上，千亩核心示范区共带动农民增收300万元以上，苍溪优质红心猕猴桃价格40元/千克仍供不应求。**吉林**玉米协同推广团队，推广的秸秆利用技术，平均亩增产28.9千克，增加经济效益超过1 400万元；推广的覆膜密植机收技术，平均亩增产129.1千克，平均每亩降低成本36元，增加经济效益1 800多万元。

稻虾共作模式	稻虾+水果+水生蔬菜	稻虾+鸭模式
稻虾+鳅模式	稻虾+鳅模式	稻虾+蟹模式
稻虾+鳖模式	稻虾+鳖模式	茭白+虾模式

湖北协同推广"水稻+"优势特色生产模式

2.为全国面上应用提供有效方案

8个省份的试点工作有力推动了农技推广机制创新，为全国提供了可复制、可推广的经验和模式。北京、广东、青海等非试点省份主动学习、参考借鉴试点地区做法，在本省自筹经费主动探索实践。安徽、辽宁、上海等10余个省份谋划部署2019年农技推广工作时，把协同推广作为重点任务。

3.社会各方给予充分肯定

主流媒体广泛认可。中国政府网、农民日报多家中央媒体，湖北日报、四川日报、吉林日报等地方媒体，都对协同试点成效进行了广泛深入的报道。**有关部门充分肯定。**财政部将协同推广试点作为科技支撑乡村振兴的重要举措，2018年9月，财政部农业司开展协同推广试点实地调研，明确表示在后续政策创设、经费安排等方面给予大力支持。11月，审计署审定强农惠农富农政策落实情况时，详细了解了协同推广试点情况，认为试点思路清晰、契合时代需要。**第三方机构高度评价**。2018年12月，第三方机构对协同推广试点阶段进展开展绩效考评并全程网络直播，8万多人在线观看，发表评论6 174条。第三方机构对试点给出了较高评价。

四川猕猴桃协同推广成果展示

协同推广计划典型

农业重大技术协同推广交流观摩活动

协同推广计划典型案例

吉林：突出产业引领 激发农技推广新动能

吉林省选择玉米、水稻、大豆、杂粮杂豆和人参等5个产业，开展协同推广项目试点工作。各产业根据各自优势特色，吸收基层农技推广机构、各级科研教学单位、各类新型农业经营主体和社会化服务组织共同熟化推广重大技术，共示范推广重大农业技术20余项，累计培训各级各类农技人才、经营主体1万余人次，召开各级各类现场会、示范会200余场次，整合各级各类涉农机构100余家，示范推广面积300余万亩，全面覆盖了吉林县级及以下基层农技推广机构，取得了显著的实施成效。

1. 主要做法

（1）聚焦主导产业，因地制宜遴选试点内容

选择玉米、水稻等5个产业开展试点。一是突出主要作物。吉林是黄金玉米带、黄金水稻带，玉米常年种植面积6 000万亩左右，水稻品牌优势突出、吉林大米享誉海内外。二是突出特色作物。以高粱、绿豆、红小豆、花生等为代表的杂粮杂豆是吉林的彩金名片，近年来是省委省政府重点打造的农民增收点。人参更是名副其实的"东北三宝"之首，吉林省人参产量分别占全国和全世界的60%以上和50%左右。三是助推大豆振兴。大豆是吉林传统优势作物，随着国家大豆振兴计划的出台，吉林大豆种植面积迅速恢复，年均种植面积达到400万亩左右。

（2）实施双首席制，确保技术协同推广落实落地

试点工作主要采取推广单位和科研单位协同工作方式。省农业技术推广总站、参茸办公室等省级推广单位和省农科院、吉林农业大学等省级科研院校牵头协调配合，分别建立推广首席专家团队和科研首席专家团队，科研首席把项目承担单位作为试验基地、展示基地，进一步完善"农业科研试验基地＋区域示范展示基地＋基层农技推广站点＋新型农业经营主体"链条式推广模式。

（3）瞄准核心问题和需求，解决产业发展重大技术瓶颈

以解决重大技术瓶颈为出发点遴选重大技术，选择可操作、易推广技术模式，有效助推产业发展。如围绕杂粮杂豆产业的谷子除草难题，大力推广以抗除草剂品种为核心的谷子轻简化栽培技术及其配套技术，大幅降低谷子生产人工成本，促进谷子栽培面积和产量稳步提升。围绕秸秆有效利用难题，玉米产业重点示范推广多元化玉米秸秆利用技术，水稻产业重点推广稻草还田技术，均取得显著效果。

（4）创新协同推广形式，推广效果大幅提升

在协同推广过程中，吉林注重创新培训方式，减少课堂教学，增加实地观摩，开展实地实训，通过报纸、电视、微信等不同媒体，对项目技术进行全面报道。如人参产业在吉林省参茸办公室领导下，成立"吉林省长白山人参种植联盟"，联盟成员除协同推广项目组主要单位、成员以外，还重点包括人参种植户，目前联盟成员中种植户达到3 000多人，涵盖吉林省、黑龙江省、辽宁省70%以上人参种植大户。通过联盟，实现向种植户发布种植技术、产业信息、应急措施等多项功能，如2018年冬季雪灾时，联盟紧急向参农发布预报和应急处置措施，减轻参农损失。该产业还充分发挥新型农业经营主体的作用，依托抚松县参王植保有限公司打造的由140余名农业院校毕业本科生组成的技术服务队伍，在生产一线服务参农。

（5）强化需求关联和利益联结，建立全产业链发展协同机制

各产业依据需求关联和利益联结，建立了基于全产业链健康发展的相关利益主体主动参与协同运行机制。在技术推广中不仅关注生产环节的种植业专业技术合作社，还注重产业链的完善和延伸，关注对产业发展有利益关联和支撑部门的诉求。如杂粮杂豆产业重大技术协同推广项目，引入了生产配套保障环节的农机专业合作社、化肥专业合作社，加工环节专业合作社，流通环节经营性服务组织等，通过产业链末端电商微商合作社把杂粮杂豆产品需求反馈给产中的种植专业合作社，种植专业合作社根据反馈信息提出生产技术需求，产前的科研部门研究组装配套新技术，通过农机、化肥、飞防等合作社高效协作，上下贯通、左右衔接的合作，构建了全产业链的协同互动机制，实现了重大技术的推广应用。

2.取得成效

（1）有效破解农技推广"技术难推广"的瓶颈

通过协同推广计划实施，实现了主推技术成熟可行、易于示范、便于推广、主体认可和企业认同，有效带动了示范区各经营主体的生产积极性。如被称为"子孙庄稼"的平贝母，是一种一次播种多年受益、经济价值较高但生长期仅有2个月的中药材，在休眠期间需种植遮阴作物助其度过高温酷暑季节。根据这个特性，大豆协同推广团队在靖宇这一国家级贫困县推广了平贝母-大豆间作模式，最终实现了"地上是粮仓，地下是银行"的双赢增产增收效果。大豆增产20%以上，亩增产大豆25千克以上；由于土壤温湿度适宜，平贝母繁殖系数提高，亩产量可增加50千克以上，增加效益1 000元以上。这一模式有望在吉林东部适宜山区扩大推广。

（2）有效破解农技推广"积极性难提高"的瓶颈

通过协同推广，广大科研教学专家能够深入基层农技推广现场开展技术指导和示范工作。大大拓宽了基层农技推广队伍学习提高的渠道，增强了农技推广的新动能。目前，项目全面覆盖基层站所，县以下农技推广人员参与项目比例占70%以上。同时，协同推广与田间学校、体系建设改革等项目结合起来，使得基层农技推广人员的积极性大幅提高，参与站所均主动示范推广协同项目。

（3）有效破解公益性推广与社会化服务组织"融合难"问题

通过建立"农技协同推广联盟""人参产业发展联盟"等挂牌示范，有效提高了主体积极性，建立了技术服务"大平台"。联盟专家直接联系对接主体，一站式服务推广，重大技术直接落实到主体。在联盟组建过程中，实行开放的政策，特别注重吸纳在某一方面具有专长的乡土专家、种植能手加入项目组，使其专长得到充分发挥。同时，多次邀请国内外专家对项目的实施方案、技术等进行指导，吸纳多方意见、建议，提高效率、效果。

（4）有效破解技术供给与市场需要"匹配难"的问题

推广部门与科研、教学、企业实现直接对接，产品、技术直接落到终端，有效破解了市场所需技术与科研教学研发技术、政府推广技术两层皮的问题。所有参与项目的新型经营主体均已成为吉林农业大学、吉林省农业科学院、吉林大学等教学科研单位的试验实习基地。通过实

施项目，技术研发机构可根据市场主体需要进行攻关，技术推广机构根据本地特点，进行熟化简化，推动了新技术新模式直接走进田间地头，示范推广，辐射带动，增强了农技推广效能。

（吉林省农业农村厅　张庆贺）

江西：创新"五制""五化"工作机制
促进协同推广计划实施见实效

江西高度重视协同推广计划试点工作，制订了省协同推广试点工作"1+5"方案，紧紧围绕省委省政府推进农业结构调整计划实施的"九大产业工程"，选择优质稻米、蔬菜、果业、草地畜牧业、水产等5个省重点培育产值超1000亿元的产业进行试点。建立"双首席"专家团队，组建由省级农业科研教学推广机构、市级推广部门、县级推广机构、新型经营主体等各级各类主体组成农业重大技术推广团队，重点在42个县实施协同推广试点，推广了16项重大技术。

1.主要做法

（1）依据"五制"展开试点工作

一是项目负责实行"双首席制"。 项目实行"双首席制"，由江西省农业农村厅统筹协调牵头，各体系1名推广首席专家和1名技术首席专家。推广首席专家负责重大技术协同推广方案制订，组织、协调、督促、检查项目实施及工作考核和工作总结；技术首席专家负责产业生产技术协同推广方案的制订，负责有关技术的集成、示范技术指导培训等。**二是项目管理实行"合同制"。** 项目采取"合同制"实施方式，推广首席与省农业农村厅签订项目合同书，推广首席与技术首席、协同单位、实施县分别签订任务合同书，协同单位和实施县与经营主体签订任务合同书。合同书具体明确实施地点、规模、承担主体、技术人员、主要目标任务和技术措施等。**三是主体示范实行"树牌制"。** 为强化监督、管理、指导和示范效果，示范经营主体全部统一实行"树牌制"。实施单位按统一规范树立相应示范牌，示范牌明示主推品种、主推技术、经营主体、技术指导人员等信息，既明确责任，又强化监督，更便于示范推广。**四是实行技术指导工作"月报制"。** 明确协同及实施单位在每月5日前报告上月任务执行情况，并予公示；同时对下月主要工作进行要点部署，切实提高技术和工作的到位率，起到了很好的督导和指导作用。**五是工作绩效实行"考评制"。** 将目标任务责任明确到项目相关单位和个人，强化项目内容、目标任务的落实情况。坚持按每月通报、阶段汇报和技术到位率、贡献率和满意率等相结合的量分管理绩效考评制度，并突出技术的应用覆盖率、到位率、贡献率和主体的满意率。

（2）按照"五化"落实技术推广

一是主推品种优质特色化。 项目选择优势特色明显优质品种为主推品种。例如：在赣南脐橙产区针对品种单一、成熟期集中等问题，着力推广早熟新品种赣南早脐橙，推广面积已达赣南脐橙总面积的10%；南丰县南丰蜜橘主推当地柑橘研究所选育的杨小-26、97-1、97-2和SS-28等4个优良品种；广丰区推广地方特色马家柚品种占总面积的85%；吉安市推广'金沙柚''桃溪蜜柚''金兰柚'等井冈蜜柚品种3个，占总面积的100%；金溪县和柴桑区推广'翠冠''园黄''清香'等3个早熟梨品种，占当地梨种植总面积的95%。**二是主推技术实用标准化。** 围绕制约江西省农业五大产业发展的突出问题，及时总结相关研究成果，将重大技术集成熟化为江西省地方标准，并开展应用示范。已制订《赣南早脐橙栽培技术规程》《南丰蜜橘省力化树体管理技术规程》《井冈蜜柚水肥一体化技术规程》《广丰马家柚轻简树形、果园生物覆盖技术规程》《早熟梨高效高产栽培技术规程》等相关生产操作技术规程21个。**三是示范基地规范化。**为确保项目示范推广稳步推进，切实起到辐射带动作用，示范基地全部按规范树立了示范牌，统一示范内容和技术指导。**四是培训内容实况化。**为提高技术到位率和培训效率，项目采取实地培训和专家授课培训两种方式，重点突出实践操作，着力提高培训的针对性和实用性。在有针对性地编印发放技术资料的同时，组织省内外专家开展全程多方位技术指导服务。如安福县横龙镇井冈蜜柚基地，项目组技术团队全程实施省力化树体管理技术，基地果农全程观摩整个技术环节，使技术真正落地，取得良好示范作用。**五是培训对象主体化。**项目培训对象全部为新型经营主体（合作社、企业）和种养大户，项目示范基地的主体成员全部参加培训，成效显著。如青原区吉富公司示范基地通过培训实施井冈蜜柚水肥一体化和病虫害绿色防控等技术，2018年减少用工80%，产量显著增加，培训示范带动作用明显。

2. 取得成效

（1）促进农业重大技术落地

协同团队深入田间地头、生产一线开展技术指导和培训，累计开展培训56期，培训农民和技术人员5 623人次，制订印发各类技术资料20 640份，制订生产操作技术规程21个，促进了优质稻绿色抗倒栽培技术、优良牛羊品种及繁育技术、稻虾综合种养技术等农业重大技术在农业产业中落地生根、开花结果，提高了农业技术的到位率和普及率。如广丰马家柚轻简树形及果园生物覆盖技术推广面积12万亩，草地畜牧业推广牧草高产栽培5 000亩，指导青贮加工牧草8 000吨。

（2）推动优势特色产业发展

紧紧围绕培优培强产业发展，开展重大技术协同推广，促进江西省农业优势特色产业的发展。截至目前，江西省新增优质稻订单面积223.3万亩、蔬菜面积45.7万亩、果园面积17万亩。牛羊肉产量占肉类总产比重提升至6%，名特优水产品产量占水产品总量比重提升至31.2%。小龙虾产业养殖面积达到80万亩，产值65亿元，比去年分别增长26.25%、30.44%。

（3）建立新型高效农技推广机制

根据不同产业特点，江西省建立了以农业行政部门为总牵头，农业技术推广首席专家为主、农业科研首席专家为辅，吸纳技术推广、教学科研、乡土专家、基层农技人员、新型职业农民等为主体的200多人协同推广专家团队，联合9家省级推广机构、11家省级科研教学单位、12家市级农业推广科研机构和42家县级农业推广机构共同参与，初步构建了上下贯通、左右衔接、优势互补的农技推广协同服务新机制。

（4）壮大农技推广队伍

以农业重大技术协同推广为平台，组建了由省级农技推广机构、市级农技推广部门、县级农技推广机构，科研教学单位的技术专家和农技骨干，吸纳农业乡土专家、基层农技人员、新型农业经营主体技术骨干等，形成了一支"通天线、接地气"的农技推广服务队伍。

（江西省农业农村厅　史业）

湖北：聚焦五大主导产业　加快实施协同推广计划

湖北省以集聚科技资源、探索推广机制、促进产业高质量发展为目标，确定了"水稻+"、园艺、水产、畜牧、生态环保等五大产业，因地制宜开展农技推广部门主导、技术优势单位领衔的农科教企多方联合的协同推广计划。全省共推广20项重大农业技术及模式，五大产业累计开展现场观摩活动330余次，培训人数超过7.5万人次，编印技术资料10万余份，央视、农村日报、湖北垄上频道等各级新闻媒体宣传报道50余次，实施成效显著。

1. 主要做法

(1) 坚持高效协同，整合农科教产学研资源

按照优势互补、密切合作、上下协调、高效服务的原则，充分发挥农技推广机构服务生产优势、农业科研院校创新资源优势、新型经营主体市场运行优势，推动农技推广由"单兵作战"向"协同作战"转变，不断优化资源配置，提升服务效能。如"水稻+"团队按照"多元主体协同、深度广泛参与"思路，构建"科研+推广+生产"三位一体协同推广体系；园艺团队建立"省级农科教+市级产学研+县级推广单位+基地（新型经营主体）"四级协同推广新机制；水产团队建立"科研+推广"联席会制度，定期召开会议研究推广计划，并根据基层产业反馈进行技术优化创新研究。

(2) 坚持统筹推进，聚焦主导产业发展实际

围绕产业发展过程中需要多部门联合解决的技术或者推广需求，开展"全方位""全环节"无缝对接，由科研部门研发什么用什么的"自上而下"推广机制向生产实际需要什么攻关什么的"自下而上"推广机制转变，促进技术创新与产业发展有机结合。如"水稻+"团队深入生产一线开展"水稻+"7种模式投入产出情况和制约因子的全面调查，为团队开展技术精准服务提供依据。园艺团队针对菜农卖菜难等问题，搭建了电商销售平台，按照"公司+合作社+基地+农户"模式，构建集约化、组织化、专业化、规模化、社会化相结合的新型农业经营体系，团队服务的鑫农合作社通过"互联网+蔬菜"电商平台销售大白菜、甘蓝近15万吨。

(3) 坚持科技引领，优选绿色高效实用技术

坚持高标准遴选协同推广重大农业技术，发挥对产业发展的引领作用。如"水稻+"团队重点围绕稻粮统筹、稻经轮作、稻渔共生、稻禽协同四类"水稻+"模式，园艺团队重点围绕园艺作物"三增三减"健康栽培技术，水产团队重点围绕稻虾生态种养、河蟹分段生态养殖、池塘网箱生态养鳝和池塘工程化循环水养鱼等，畜牧团队重点围绕蛋鸡"124"绿色健康养殖、规模化生态养鸡"553"养殖、牛床场一体化养殖和生猪适度规模养殖粪污综合控制等，农业生态环保团队重点围绕区域生态循环农业模式构建、农业生物多样性恢复建设、绿色生田园建设和耕地生态培肥等技术分别开展协同推广。

(4) 坚持典型带动，打造优质示范展示样板

按照"协同在省、集成在县、示范在乡、指导在村"的思路，根据五大产业的优势区域布局，通过实施全国农技推广补助和协同推广试点两个项目，依托基础较好的农业科技示范基地、农业科研试验基地开展试验示范，建设高标准的示范样板点。如"水稻+"团队打造了洪湖市水稻绿色生产技术模式样板、潜江市虾稻共作稻田综合种养技术集成示范样板。园艺团队优选当阳、五峰、恩施、东西湖、蕲春等17个县（市、区）共20个新型经营主体建立高效示范样板。水产团队打造枝江市池塘流道养鱼模式、仙桃市池塘网箱养鳝技术示范样板。

2. 取得成效

(1) 培养了一支纵横联动农技推广队伍

通过协同推广计划实施，培养了一支集农业重大技术研究、示范推广、成果转化、人才培养、市场营销等多种功能于一体的协同推广队伍。通过分门别类、分区分片编织一张农技服务网，做到了事事有内行，层层有专家，土洋结合，上接天线能通过专家教授达到技术前

沿，下接地气可通过行家里手使技术落地。不仅研究成果得到了转化，农技推广服务素质和能力得到了提升，还培养了一大批基层农技人员和新型职业农民。

(2) 推广了一批绿色高效重大农业技术

协同推广团队通过技术示范、技术培训、信息传播等多种途径，推广了一批优质安全、节本增效、绿色环保的农业重大技术，加快了科技在农业产业中落地生根、开花结果。如"水稻+"团队推广的"稻+鸭+蛙"绿色模式能使农药使用量减少90%以上，化肥使用量减少50%以上，基本无生态环境污染。水产团队通过"跑道"和"圈养"技术推广，商品鱼每吨耗水仅340立方米，单位节水率达到78.5%；养殖固形废弃物的回收利用率达到90%以上，养殖尾水经过湿地处理后100%循环使用，实现养殖尾水"零排放"。畜牧团队在咸宁市成功建立首个"牛床场一体化养殖技术"试验示范基地，实现咸宁市"牛床场一体化养殖技术"应用零突破。

(3) 探索了一批高效协同农技推广模式

结合各农业科研院校、推广机构、龙头企业等多元推广主体工作基础和实际情况，探索了适合产业发展的农技推广服务新模式。如水稻团队组建"2（技术首席+推广首席）+4（模式负责人）+X（技术专家）"的"水稻+"协同推广团队，择优选取15家市场前景好、示范作用强、带动效应明显的新型主体，协同打造"水稻+"高效模式示范样板。园艺团队以市场主体需求为导向，以新型经营主体和专业化的中介服务机构为主线，以全产业链服务为目标，充分发挥各类涉农高校、科研院所的作用，探索建立以信息化为基础的链条式服务机制，最终形成园艺产业科技研发集成和成果转化推广双轨运行，"农业科技创新—成果转化—农技推广服务"三位一体新模式。

(4) 带动了一批充满活力的新型经营主体

"水稻+"团队通过分地域打造、分层次构建和适度规模经营，构建了"稻+N"产业体系，培育了一批复合型新型主体，产业链条不断延伸，一二三产业加速融合。园艺团队带动嘉鱼鑫农、田友、绿野3个合作社新增6个蔬菜产品绿色食品认证，"嘉鱼甘蓝""嘉鱼大白菜"获得国家地理标志商标，"南有嘉鱼"公共品牌效益不断提升。畜牧团队培育带动5个"养殖+果蔬茶"为主体的家庭农场，6个专业合作社，打造4个品牌。水产团队通过技术指导重点扶持监利县瑞祥水产养殖专业合作社，每亩年收入达1万元，并带动周边乡村1 000余户养殖黄鳝，该合作社被评为农业农村部水产健康养殖示范场。

(5) 做强了一批特色优势农业主导产业

"稻虾共生"模式水稻平均亩产500千克、小龙虾120千克，亩均效益约3 000元，与同等条件下水稻单作对比，单位面积化肥、农药施用量减少30%以上，效益提高约2 000元。水产团队"稻虾生态种养"与单一种植水稻经济效益相比，增收2 000～3 500元/亩；池塘"3+5"分段养蟹可控技术使渔民增收超过1 200元/亩。畜牧团队推广的蛋鸡"124"绿色健康养殖技术综合了蛋鸡智能生产、安全养殖、肥料利用的先进技术经验，成为解决湖北蛋鸡生产低效高耗难题、支撑蛋鸡产业强省建设的坚强后盾。全省共建成蛋鸡"124"鸡舍共计1 289栋，养殖蛋鸡2 601.64万只，实现节支增收3.22亿元；推广生猪适度规模养殖粪污综合控制技术118家，平均增收节支86元/头；推广应用规模化"553"养殖技术养殖生态鸡300万只，平均增收40元/只以上；推广应用牛床场一体化养殖技术，养殖规模2.2万头，总经济效益1 485万元。

（湖北省农业农村厅　杨朝新）

内蒙古：顺利实施协同推广计划　推进绒山羊产业提质增效

绒山羊产业是内蒙古协同推广计划实施的典型产业之一。该项目由内蒙古自治区畜牧工作站、内蒙古自治区农牧业科学院等11家研究及推广单位承担，重点推广母羊-羔羊一体化营养调控技术和绒毛定向营养调控技术、绒山羊分部位抓绒和分级整理技术、优质种羊选育推广技术、绒山羊羔羊短期育肥技术等，共试验示范推广9.1万只，建立育种核心群135个、制/修订标准8项、培训技术人员及农牧民2 176人次，取得了良好的经济、社会和生态效益。

1.主要做法

（1）科学组建协同推广团队，形成产学研推一体化推进机制

实施项目推广和技术双首席制，组建由自治区、盟市、旗县、乡镇畜牧、兽医等多层次多学科技术人员，绒山羊行业专家和绒山羊加工企业人员、养殖大户、专业合作社参与的技术协同推广团队，充分发挥盟市级畜牧科研院所和乡土专家、当地技术能人的作用，形成过

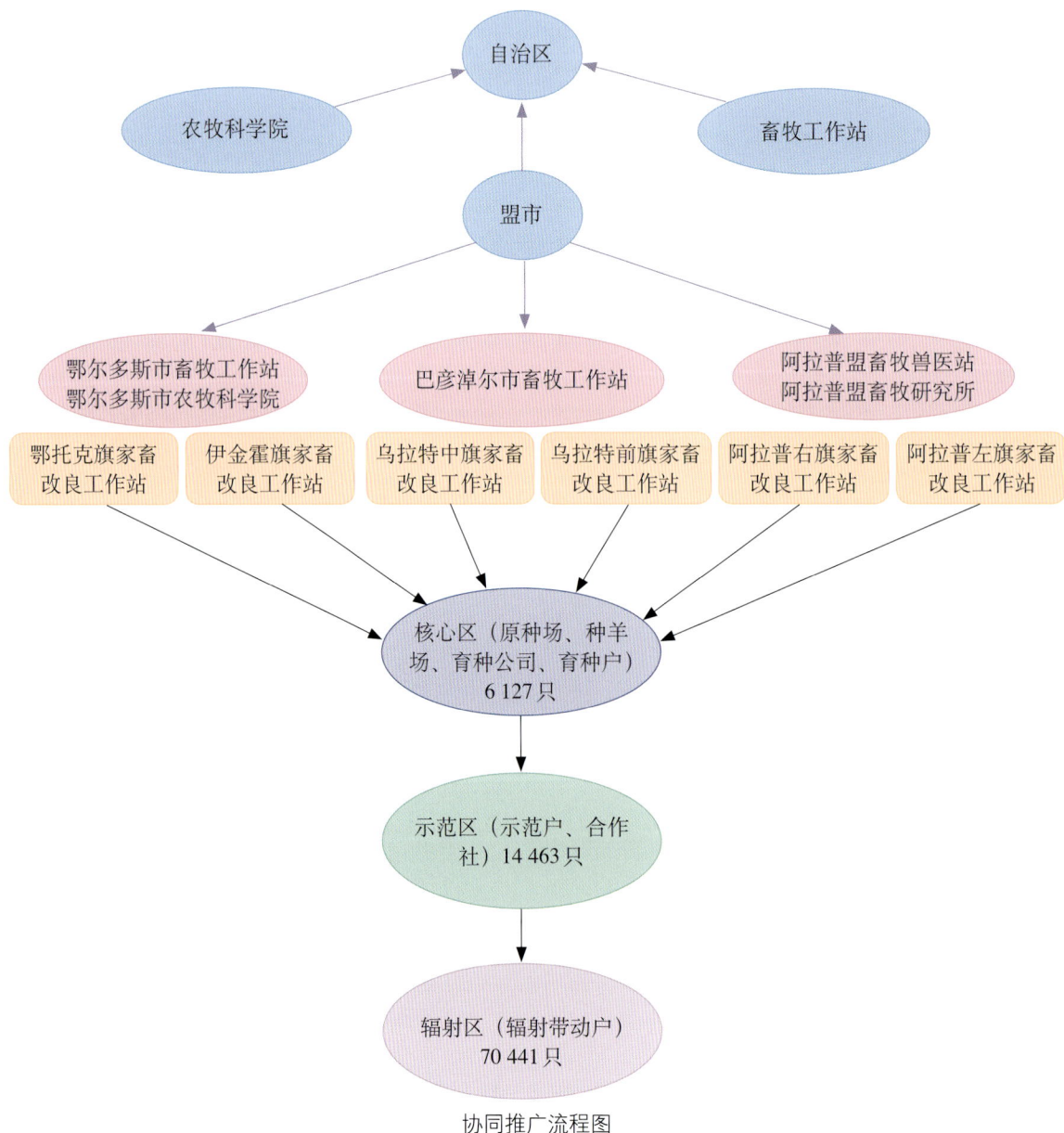

协同推广流程图

硬的"产学研+基地+农牧户"技术推广力量。同时以种羊场、扩繁场、繁殖户为依托建立绒山羊种业科技示范基地，形成"育繁推"一体化模式。项目团队与意大利LV集团等公司合作，开展绒山羊育种、优质优价等技术对接和示范，LV集团已在阿左旗建立专属种羊场。

（2）严格标准选好项目户

项目区严格按照项目实施要求选择好本地区富有推广经验的技术人员，开展技术指导、进村入户；选择基础环境条件较好、责任心强、富有合作精神、确保能完成任务的育种核心户及合作社成员承担技术推广工作，注重其在当地的代表性；合理布局项目核心区、示范区、辐射区，形成以点带面、点面结合、协同推进的良好态势。

协同推广进村入户

（3）制定项目工作制度，开展精准技术指导

项目技术和推广首席研究并组织技术人员制订《项目技术实施手册》《工作日志》等技术实施方案、具体任务指标、具体技术试验和推广操作规程等，明确各项目区技术负责人以及团队成员、实施地点、项目户职责；同时要求在手册上做好相应工作记录，便于实际操作和考核。各项目区技术工作小组在每个测定环节深入生产第一线与农牧民同吃、同住、同劳动，指导技术操作和数据采集记录，保证项目实施的规范性和数据的准确完整性，做到无缝对接。

规范协同推广制度

（4）抓好科技培训，提高实用技术推广覆盖面

技术和推广首席及各项目区围绕绒山羊品种选育、圈舍建设、不同季节科学饲养方式、母羔一体化营养调控、暖季增绒、接羔保育、羔羊育肥、同期发情、人工授精、胚胎移植等实用技术，采取室内教学和现场技术指导相结合、现场观摩、赛羊会等形式开展培训，共举办技术培训班25期，培训农牧民等各类人员2 176人次，印发绒山羊养殖方面的技术资料3 500份。

紧抓科技培训

（5）开展技术巡回指导，强化项目运行监督管理

自治区、盟市技术研发和推广单位根据项目要求定期不定期到各旗县示范户进行巡回技术指导和工作检查督导，帮助他们解决试验示范推广中存在的问题。技术首席和推广首席分别5次到各地进行指导，同时联合派出技术人员多次到现场开展具体技术推广工作。盟市旗县技术团队在绒山羊人工授精方面从种公羊的引进及调教、配种站建设、配种器材配备、配种员培训以及同期发情应用等实际操作都做了大量的工作。由于项目母羊羔羊一体化技术和羔羊短期育肥技术试验示范需要测定体重、泌乳量等多项指标，所以各基点技术人员每半个月或一个月就到牧户开展测定，随时解决生产中存在的问题。

开展技术巡回指导

（6）制定技术标准，加大宣传力度

技术首席和推广首席单位与阿拉善盟畜研所等单位配合，已制定和修订完成地方标准8项。团队与绒山羊标准化生产基地建设项目结合，先后开展了畜牧业标准化生产宣讲和技术现场服务。鄂托克旗完成了新型移动式电子秤、移动式羊栏的设计和推广使用，获得了专利。该项目得到了项目区各级政府和领导的重视，自治区分管主席曾到项目基点视察。自治区畜牧站和农牧业科学院先后在内蒙古农牧厅和农牧业科学院网站上发送工作信息12次；各盟市旗县也注重工作宣传，及时总结好的做法在盟市电视台、报纸、新华网客户端等进行宣传报道。项目实施基地及示范户竖立统一的项目标识牌。

2. 取得成效

一年来，项目区通过试验示范推广新增纯收益1160.73万元，效益明显。母羊羔羊一体化技术、羔羊育肥技术的试验示范和推广，为修改完善内蒙古白绒山羊饲养管理技术规范积累了数据资料，填补了当地绒山羊羔羊短期育肥技术空白。项目区阿拉善盟首次开展了绒山羊同期发情人工授精和胚胎移植技术。项目的实施对推动内蒙古白绒山羊养殖加工标准化示范区建设、农牧业供给侧和产业结构调整，提高农牧民科学养殖意识和观念，加快由传统的数量型向质量效益型转变，由粗放型经营向精细化、标准化转变，向少养、精养、优养方向转变具有较大的促进作用。

(1) 优质种羊选育技术推广

项目区鄂托克旗建成保种核心户25户，发放优质种公羊781只，伊金霍洛旗优质种羊培育4073只；阿右旗推广优质种公羊33只，人工授精站、育种核心群推广发放33只，人工授精100只，胚胎移植100只，胚胎移植受精率达到65%，产羔率达到53%；巴彦淖尔市乌拉特中旗对200只二狼山白绒山羊母羊进行同期发情处理，人工授精配种，同期发情率达到92%，产羔率达109%。

(2) 绒山羊羔羊短期育肥技术试验推广

项目区鄂托克旗及鄂尔多斯市畜牧站舍饲育肥阿尔巴斯绒山羊羔羊完成15937只，育肥后试验组比对照组每只羊增加收入384.4元；伊金霍洛旗试验组比对照组每只羊增加收入240.3元；阿拉善盟羔羊净利润每只达523元；巴彦淖尔市羔羊净利润每只达503.45元；自治区畜牧工作站在鄂托克旗开展短期育肥羔羊屠宰试验，每只绒山羊试验组纯增收益比对照组高出384.4元，舍饲育肥利润是放牧补饲的2.81倍。

(3) 母羊－羔羊一体化营养调控技术示范推广

项目区鄂托克旗将同期发情、两年三产繁育、羔羊早期培育、中草药四季保健、人工授精等技术融入该项工作；伊金霍洛旗完成母羔一体化技术推广1463只，试验组母羊平均日增重比对照组增加80克；鄂尔多斯市农牧科学研究院完成100只母羊试验，试验组平均日增重比对照组增加45克；阿拉善左旗在母羊配种前30天至产后20天进行补饲，产羔率达到110%，

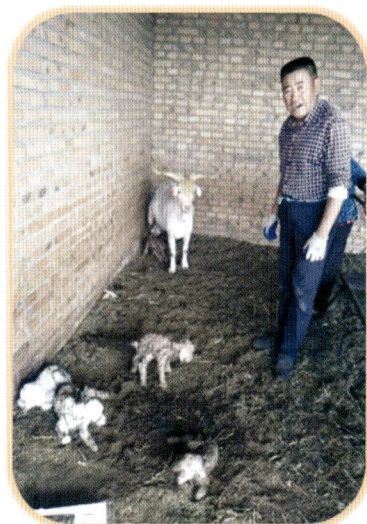

母羊－羔羊一体化技术推广

同比增加10%；羔羊初生重平均在2.5千克以上，母羊第8天泌乳量0.24千克/次，两项指标同比增加10%；补饲母羊群所产羔羊的初生重、成活率增加，母羊的产奶量提高；乌拉特中旗在母羊配种前期进行短期优饲，提高了母羊排卵率和受胎率，降低了母羊营养性流产的发生，提高了母羊繁殖性能和羔羊初生重；乌拉特前旗完成了1000只母羊羔羊一体化技术试验推广，繁殖率提高63.8%、羔羊初生重提高42%。

（4）绒山羊分部位抓绒、分级整理技术推广

项目区组织技术团队完成分部位抓绒44804只；阿拉善盟与意大利LV等羊绒加工企业合作，在北京进行了羊绒拍卖，平均价格440元/千克，比市场价高出40～50元/千克；巴彦淖尔市与北平羊绒纺织公司合作，鄂尔多斯市与鄂尔多斯羊绒集团合作，签订收购合同，先按市场价收购，检测后按细度兑现奖励资金，实现羊绒优质优价，提高了农牧民的养殖效益。

（内蒙古自治区畜牧工作站　康凤祥）

浙江：大力实施协同推广计划 促进蚕桑产业转型发展

小蚕工厂化饲育与精品6A级原料茧生产技术研究与集成推广项目，是浙江实施协同推广计划的典型案例之一。该项目以省蚕桑产业技术团队为依托，围绕人工饲料家蚕品种筛选、饲料配方优化、小蚕人工饲料饲育技术规范研究与工厂化饲育示范点建设、精品6A级原料茧生产、蚕茧收烘及示范基地建设等一系列环节进行技术研究和集成推广，预期攻关小蚕工厂化饲育与精品6A级原料茧生产过程中的"卡脖子"关键技术，满足茧丝市场对高品位生丝的需求，从而占领国际丝绸市场制高点。该项目由浙江省农业技术推广中心主持，分为5个子项目，由浙江省农业技术推广中心、浙江省农业科学研究院蚕桑研究所、浙江大学动物科学学院、淳安县农业农村局4家单位承担，目前进展顺利，取得了积极成效。

1. 主要做法

（1）做好顶层设计，明确主体职能作用

为保证项目顺利实施，浙江省农业技术推广中心作为牵头单位多次组织调研、召开专题研讨确定项目总体实施方案，并分别与子项目承担单位签订项目合同，明确目标任务。各子项目负责人根据项目方案，制订包括项目实施内容、资金使用安排、项目小组成员、检查监督措施等在内的实施细则。

（2）强化协同联动，建立分工负责的科研教育与示范推广协同机制

以浙江省农业技术推广中心为牵头主导，由浙江大学动科院和浙江省农业科学研究院蚕桑研究所2家科研单位围绕蚕桑科技攻关中的"卡脖子"环节提供技术支持和试验研究，省、市、县农业部门负责技术集成和示范，淳安县茧丝绸有限公司负责推广应用，形成了从蚕品种选育到示范推广、到后期蚕茧质量把控等全链条式协同推广机制，进一步强化了农业科技对产业发展的支持。

（3）突出技术集成，解决以产品为导向的产业链技术难题

以蚕桑产业需求、企业需求为导向，攻关目前小蚕工厂化饲育中的品种、饲料、饲育方式等方面存在的问题，如筛选出适合人工饲料蚕种的选育方式、优化小蚕固体饲料配方组

成，改进饲料加工制作方式等；解决精品原料茧的2项关键技术（洁净和万米吊糙）难题。重点突出技术集成，在生产实践及试验验证基础上，制定1套小蚕人工饲料育技术规范；研究提出精品6A级原料茧质量技术要素及指标要求，开展精品6A级原料茧生产技术集成与示范，打造省力、优质、高效的蚕桑产业技术链发展新模式。

（4）边试验边集成边推广，尽早发挥项目作用

小蚕工厂化饲育技术采用桑叶育和人工饲料育2种方式，将1～3龄小蚕集中规模化、专业化共育，再将大蚕分发或售卖给养蚕大户。由于1～3龄人工饲料育技术上还不够成熟，在项目实施过程中，对人工饲料专用蚕品种筛选采用边示范边推广边应用的模式，一方面便于及时掌握实验室里选育的蚕品种对生产面上的适应情况，另一方面，结合淳安县当地特色的"十天养蚕法"模式，探索现有的小蚕1～2龄人工饲料育延伸至1～3龄人工饲料育，提高劳动工效。据淳安县示范点2018年度调查数据显示，相较于传统桑叶育蚕节本增效219元，2019年加大研究攻关力度，在品种进一步筛选的基础上加强优化饲料配方。通过开展阶段性项目评估，成熟一项、推广一项，形成边试验边集成边推广的机制，转变先科研再推广的观念，能够早见成效。

2. 主要成效

小蚕工厂化饲育与精品6A级原料茧生产技术研究与集成推广项目目前已完成主要研究任务，收获了新品种、提出了新模式、集成了新技术，在提升蚕桑产业科技含量、促进产业转型方面发挥了重要作用，并在浙江省主要蚕区淳安地区"落地生根"，取得显著成效。

（1）成果落地，农民增收企业增效

建立小蚕人工饲料工厂化饲育示范点5个，其中淳安县浪川联欢村和汾口镇宋祁村2个点为核心点，完成推广人工饲料育蚕品种587张，形成了良好的产业化示范效应；建立1 035亩精品6A级原料茧生产示范基地，生产鲜茧超40吨，打造了淳安"精品6A级原料茧基地"名片。项目实施以来，有467户蚕农共饲养蚕种2 146张，生产蚕茧（鲜茧）93.14吨，其中精品蚕茧（鲜茧）88.61吨，占比达95.1%；张产与全县平均相比增加6.07千克，蚕农增收66.86万元；龙头企业淳安县茧丝绸有限公司奖励蚕农48.20万元；两项合计蚕农增效115.06万元。另外，通过项目实施，增加蚕茧产量（干茧）19.15吨，企业经营增收11.49万元；蚕茧质量大幅提高，企业经营增收20.26万元；两项合计企业增收31.75万元。

（2）熟化技术，形成新技术（模式）、新规范

"小蚕工厂饲育技术"被浙江省农业厅列为2018年种植业主推技术之一，人工饲料育工效上明显优于桑叶育，增幅比例可达15%以上；组装集成制定了精品6A级原料茧生产技术规程。根据试验数据显示，原料茧已达到精品茧指标，实测蚕茧产量44.3千克/张；蚕茧上车率90.9%、解舒率71.45%、出丝率41.00%；洁净95.3分；小蚕人工饲料饲育技术规程已完成制定并开始实施，已与浙江省市场监督管理局签订服务合同，研究提出制定《小蚕1～3龄人工饲料饲育技术规程》省地方标准，自签订之日起一年内完成。

（3）建立团队，促进农科教结合与从业人员素质提升

以浙江省蚕桑产业技术专家力量为依托，组建重大技术协同推广计划项目团队，由浙江省农技推广中心首席专家、浙江大学动科院教授、浙江省农科院蚕桑所现代农业体系岗位科学家作为技术专家全程指导项目实施落地。到目前为止，对淳安县农技推广人员、示范企业员工集中培训指导4次，形成了农科教结合、上下左右联动的机制，全面提升了基层农技人员素质。

（4）打响品牌，促进蚕桑产业新发展

通过精品6A级原料茧生产示范，把"千岛湖"牌蚕茧（国家驰名商标）打造成了国际国内顶级品牌，扩大了"千岛湖"牌茧蚕茧品牌知名度、美誉度，大幅提高了蚕茧附加值，再加上杭州"丝绸之府"的美誉和千岛湖一流的生态环境，品牌、文化、质量、自然相得益彰，促进了淳安丝绸产品的销售，延长了蚕桑产业链。

（浙江省农业技术推广中心　马焕艳）

广西：加快协同推广计划实施　助力特色水果产业提质增效

特色水果是广西的主导和优势产业，协同推广计划的顺利实施有力促进产业发展实现提质增效。

1. 主要做法

（1）制订广西水果8项重大技术规程

按"聚焦产业、聚焦推广"指示精神，广西聚焦自治区第一大水果产业——柑橘产业，针对柑橘全产业链薄弱环节与关键环节，提出了巩固提升柑橘全产业链的集先进性、经济性、操作性于一体的系列主推技术，包括良种繁育体系建设、省力化机械化设施化绿色高品质种植技术、采后商品化技术与针对脱贫的石漠化火龙果、西番莲种植技术等。

（2）加强技术指导，完善示范基地建设

子项目专家与示范点新型经营主体密切合作，定期检查指导，保持即时联系沟通，把握技术要点，建立了19个标准化示范基地，其中柑橘无病毒容器育苗基地5个，大苗繁育基地4个，水肥一体化基地5个，示范面积5 700亩，简易设施栽培基地4个，示范面积1 960亩，生草栽培基地4个，示范面积1 630亩，省力化机械化基地5个，示范面积10 821亩。为方便技术推广，每个示范基地都制作了宣传栏，宣传介绍技术要点。其中，武鸣县作为沃柑生产核心示范区，对8项重大技术进行集中展示，园区内配套建设广西水果品种展示区、广西果业宣传广场及培训教室、食堂、住房等设施，方便进行培训推广。

（3）组建结构合理、优势互补协同推广团队

项目组建领导组与专家组双首席团队，领导组负责组织协调，推进项目实施。专家组负责技术把关与指导。团队成员共计49人，其中科研专家15人，来自广西特色作物研究院、广西大学、广西农科院3家单位，推广技术员17人，涵盖区、市、县、乡四级技术员，新型经营主体17人。团队成员分别组成8个子项目团队，每个子项目团队均由科研专家、推广技术员及新型经营主体等组成，三方人员分工合作，优势互补，共同建设示范基地，推广实用技术。

（4）建立三级管理、协同推广机制

一是建立领导组、专家组、子项目试验推广团队三级管理机制，按"四个一"进行管理，即"一个子项目，一个推广团队，一批示范基地，一套考核指标"，明确责任，合理分工，形成从产业问题到解决问题的技术方案，从技术方案到研究推广技术的专家团队，从专家团队研究推广到示范基地成果展示的工作路线，最后按既考核过程又考核结果的考核指标体系进行考核管理。二是实行项目会商推进制度，每月一次推进会，研究解决项目实施过程中存在的困难和问题，总结项目建设阶段性工作经验。建立团队协同微信群，共同交流技术信息，相互分享市场信息，抱团开拓市场，破除农业科研、教学、推广各自封闭运行和科技成果供需信息不对称等体制机制障碍，促进农业科技创新、成果转化、技术推广有机融合。三是实施单位与示范基地签订合作协议，明确责任权利，规范管理，共同技术示范与推广。建立广西果树育苗联席会议制度，统一育苗计划、统一技术标准、统一推广宣传，形成合力，大力推广无病健康容器苗。

(5) 开展多层次多形式的推广活动

一是培训推广。发动本单位技术人员、果树创新团队、子项目试验推广团队积极开展培训活动，组织果农现场参观学习。二是宣传推广。编印技术宣传册2000册，分发至各示范点，再由示范点分发给果农。三是互联网推广。利用广西果业微信服务号编辑技术资料，在广西果业各级水果部门工作群与技术群内转发交流，在水果同行朋友圈转发，促进了技术的快速传播推广。2018年，共完成室内授课培训6期，现场培训35期，与国内农业技术推广权威平台"天天学农"合作，购买由国内数十位柑橘权威科研专家与实践专家讲授的柑橘培训课程140个共970个课时，分发各示范点及柑橘主产县（市、区），各地可以自行组织果农根据农时开展培训学习，有效解决基层"专家难请、果农时间难约"等问题，可夜晚学，反复学，视频生动清晰，深受大家喜爱。

2. 主要成效

(1) 形成良种良法良机良品集成的技术体系

柑橘无病容器育苗技术与育大苗技术是现阶段广西柑橘良种的关键技术，水肥一体化、生草栽培、简易设施是种植环节的关键技术，省力化机械化是推广农用机械的重要标准，采后商品化处理是将果品变为商品的重要环节，协同推广计划的实施促进了一整套良种、良法、良机、良品集成的技术体系的形成。目前，协同示范点共安装了柑橘采后商品化处理生产线3条，每小时处理量达55吨，引进包括智能施肥系统、打药机、开沟机、装杯机、电动枝剪、割草机、翻堆机在内的省力化机械设备7类。

(2) 建立"一中心十八点"的广覆盖示范基地体系

示范基地覆盖南宁、柳州、桂林、百色、河池、贺州、来宾7个柑橘主产市的17个县（市、区），示范面积达2万亩。19个示范基地中有7个被评为广西现代农业核心示范区，尤其是广西桂洁农业开发有限公司柑橘种植基地，作为"全国果菜茶绿色发展暨化肥农药减量增效经验交流会"现场参观点，受到全国各地专家的一致好评。

(3) 整合资源拓展协同范围

整合面上育苗、标准园等项目，从技术协同到销售协同共振，不仅增强了协同推广力度，而且拓展了协同推广范围。

(4) 创新培训方式

除传统室内培训与现场培训以外，还与国内农业技术推广权威平台"天天学农"合作拍摄技术小视频，利用互联网推广新技术；并与湖南农业大学、中柑所等达成战略合作，搭建"四个平台"，即果树新品种选育推广合作平台、人才共育共培平台、技术服务合作平台、学生就业发展平台等。

(5) 助力扶贫成效明显

通过协同推广计划实施，实现扶贫赠苗超过5万株，种植面积达1000亩。指导贫困户种植果树40余次，受益贫困户达600余户。

广西2018年特色水果农业重大技术协同推广计划试点成果及效益统计表

	成果形式	数量	成果形式	数量
技术推广	引进技术（工艺、方法、模式）（项）		集成应用技术（项）	1
	引进新装置（装备）（套）	6	引进生产线（条）	3
	建立核心展示基地（个）	1	核心展示基地面积（亩）	730
	带动展示基地（个）	12	带动展示基地面积（亩）	20 121
	协同推广的重大技术总数（个）	8	技术推广总面积（亩）	68 500
品种推广	示范展示广西自主创新品种（个）	4	示范展示引进新品种（个）	46
	新品种推广面积（亩）	38 640		
示范带动	举办培训班（次）	6	培训总人次（人）	357
	现场观摩会（次）	35	现场观摩会人数（人）	820
	带动新型经营主体（家）	17	带动现代特色农业示范区（园、点）（个）	7
	帮扶贫困村（个）	10	帮扶贫困户（户）	655
	建立科技信息服务平台（个）	1		

（广西水果生产技术指导总站　王举兵）

四川：探索产－技－销－推一体化模式
促进猕猴桃产业发展再续辉煌

　　四川是世界红心猕猴桃起源地和全球最大的红心猕猴桃生产基地，选育了世界首个红肉猕猴桃品种"红阳"，改写了全球绿肉品种独霸市场的格局，成为了支撑龙门山脉、秦巴山区、地震灾区和革命老区区域经济发展、农民致富增收和推进精准扶贫的特色农业产业。作为四川首批4个协同推广计划试点项目之一，该项目由省园艺总站牵头，依托省农科院、四川农业大学、成都市农林科学研究院、苍溪猕猴桃研究所4个技术支撑单位，分别在10个市选择了10个重点县作为项目县，重点推广了不同立地条件改土建园与丰产树形快速培养、土肥水与花果轻简高效管理和以溃疡病为核心的病虫害综合防控等技术，探索了农科教企协同、上下左右联动、破解制约瓶颈、助力产业高质量发展的长效运转机制模式，显著促进了四川猕猴桃产业的发展。

1. 主要做法

（1）明确目标任务，组建专家团队

　　一是编制实施方案。按照农、财两部文件要求，结合四川猕猴桃发展实际，编制项目实施方案，确定了三大主推技术，明确工作任务和进度安排。二是签订目标责任书。牵头单位省园艺总站分别与省农科院等4个技术单位、苍溪等10个项目县签订目标责任书，明确目标任务、建设内容、资金使用、资金管理等事项。三是组建专家团队。项目实行"双首席"制，省园艺总站、省农科院专家分别担任推广和技术首席，联合四川农业大学等省内猕猴桃研究中坚力量，苍溪等10个县经作（果树）站长，华朴、国光等重点龙头和农资企业技术骨干，共同组建农科教企协同的技术推广服务队伍。

（2）采取多种措施，力促技术落地

一是召开推动会议。先后举办了全省猕猴桃农科教协同推广项目启动仪式、四川猕猴桃产业发展技术研讨暨重大技术协同推广交流培训会等重要会议。二是培训业务主体。在安州、古蔺、绵竹、都江堰、芦山、苍溪、通江、沐川等地围绕高产优质栽培、病虫害综合防控等先后举办各类技术培训24场次，培训基层农技人员、种植大户和果农2 500余人次。三是现场进行指导。专家组深入项目县、基地乡镇、村，结合生产中出现的问题，就改土建园、肥水管理、整形修剪、设施栽培、病虫害防控等，进行现场指导、示范80余人次。四是发放技术资料。以三大主推技术为核心，编印《四川猕猴桃周年管理历》等技术资料4套，启动《猕猴桃主要病虫害防治图谱》《图说红心猕猴桃丰产优质高效栽培技术》编制，以及《四川猕猴桃三大主推技术》培训视频录制工作，发放各类技术资料10 000余份。

（3）深化交流合作，反推技术进步

一是强化协同推广计划实施经验交流。参加相关农业重大技术协同推广交流活动，强化同协同推广计划试点实施省份间的经验交流，明确项目实施背景、主要任务和推进方式。二是强化行业内交流。先后参加第七届全国猕猴桃研讨会、全国猕猴桃科技创新联盟年会暨首届全国猕猴桃品鉴会等活动，拓展团队视野，强化宣传四川猕猴桃。三是强化产区交流。邀请陕西专家深入都江堰、绵竹、苍溪等地交流，并在苍溪举办"秦巴山区川陕猕猴桃产业发展座谈会"。鼓励苍溪、都江堰等重点产区业务骨干和龙头企业前往陕西、贵州等猕猴桃重点产区考察交流，及时掌握国内猕猴桃产销最新形势。加强省内重点产区之间交流合作，推动老产区转型升级、提质增效，新产区吸取经验教训、高标准建园。四是强化技术集成。以项目为契机，加快科技成果集成，"猕猴桃避雨设施栽培技术""猕猴桃溃疡病综合防控"两项技术通过田间鉴定。

2.取得成效

通过试点工作的实施，项目成效逐步显现，主要表现为"四个一"。

（1）推广了一批关键技术

以三大主推技术为核心，通过集中培训、现场指导、印发资料等形式，促进生产环节关键技术落地，显著提高了四川猕猴桃品质。在首届"全国优质猕猴桃品鉴会"上，项目组从全省10个示范县遴选的16个样品，在来自18个省（市）的170余个样品中脱颖而出，囊括红心组4个金奖中的3个，以及最佳风味奖和最佳外观奖，使四川成为获奖最多的省份。

（2）建立了一批示范基地

依托省农科院新都基地建立省级科研示范基地1个，依托10个项目县建立生产示范基地10个，辐射带动面积6万亩以上。示范基地分布范围覆盖了龙门山脉、秦巴山区、乌蒙山区等四川省猕猴桃重点产区和潜力区域，成为科技成果转化的试验区、先行区，做给农民看、带着农民干的第一课堂。通过示范带动，全省猕猴桃平均单产提高15%以上，优质果率提高20%以上，减少农药、化肥施用20%以上，严重影响产业效益的猕猴桃溃疡病发生率减少15%以上。苍溪县桥溪优质红心猕猴桃售价40元/千克仍供不应求；都江堰红心猕猴桃远销马来西亚、新加坡等"一带一路"国家，搭乘"蓉欧班列"远销欧洲。

（3）培育了一支推广队伍

以农业重大技术协同推广项目为纽带，集聚了省园艺作物技术推广总站、省农科院、四川农业大学、成都农林科学院、苍溪猕猴研究所，以及市、县、乡经作（果树）骨干力量，生产、流通、农资龙头企业等一批省内猕猴桃科研、推广、生产、流通中坚力量，建立了一支猕猴桃产业技术推广服务专业队伍，为今后猕猴桃产业高质量发展奠定了基础。

（4）探索了一套协作机制

围绕生产高品质红心猕猴桃，提升产业竞争力，整合构建了猕猴桃产技销推一体化模式。其中示范县遴选规模化示范基地，果品销售商以市场需求导向提出果品收购标准并垫付农资款，技术首席带队围绕品质要求编制周年管理方案和采收标准，推广首席带队监督技术落地和组织技术培训，品牌农资企业负责物资供应。该模式既解决了农科教协同推广过程中分工协作力度不够的问题，又解决了农户果品营销难问题，大大降低种植户投资风险。目前，四川全省运用此模式共建立核心示范基地1 280余亩。项目县安州区采用此模式，2018年鲜果平均售价提高2元/千克，亩增加收入3 000元以上，千亩核心示范区带动农民增收300万元以上。

（四川省园艺作物技术推广总站　祝进　四川省农业科学院园艺研究所　涂美艳）

第四篇
农技推广服务特聘计划

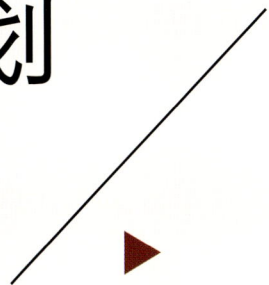

特聘计划实施情况

为贯彻落实中央脱贫攻坚决策部署和习近平总书记关于产业扶贫的指示精神，在财政部的大力支持下，2017年农业部开始组织开展农技推广服务特聘计划，印发《在贫困地区开展农技推广服务特聘计划试点实施方案》，在5个省的7个贫困地区开展试点，通过政府购买服务的方式，从农业乡土专家、种养能手、新型农业经营主体技术骨干、科研教学单位一线服务人员中招募一批特聘农技员，承担公益性和公共性农技推广任务，弥补基层公益性服务供给不足。按照2018年中央1号文件"全面实施农技推广服务特聘计划"的部署，在国家扶贫开发工作重点县和集中连片特殊困难地区县以及其他有意愿的地方进一步扩大了特聘计划实施范围。

（一）主要工作

1.特聘计划任务部署

按照中央1号文件和部党组有关决策部署，农业农村部组织全面实施农技推广服务特聘计划，系统梳理2017年试点工作的进展成效，总结归纳鲜活案例，探索全面实施特聘计划的实现路径和实现形式，为各地提供可复制可推广的经验做法。组织农民日报赴陕西实地采访特聘计划试点情况，以内参形式进行报告。2018年6月，农业农村部办公厅印发《关于全面实施农技推广服务特聘计划的通知》（农办科〔2018〕15号），在全国22个省（自治区、直辖市）的国家扶贫开发工作重点县和集中连片特殊困难地区县以及其他有意愿的地方实施特聘计划，将实施特聘计划作为2018年基层农技推广体系改革与建设补助项目重点任务之一，纳入年度绩效考评指标中，并且赋予较高权重。在全国农技推广工作培训班上，专门就全面实施特聘计划进行动员部署，对特聘农技员服务期管理、特聘农技员招募条件、特聘农技员招募程序、特聘农技员服务任务等做出规定，并对加强组织领导、强化资金保障等提出要求。

2.特聘计划实施要求

一是严把遴选条件。招募的特聘农技员要求有较高的技术专长和科技素质，有丰富的农业生产实践经验，有较强的服务意识和协调能力，确保招募的特聘农技员是提供优质高效农技推广服务的行家里手。**二是明确人选范围。**特聘农技员主要从农业乡土专家，新型农业经营主体的技术骨干，以及农业科研教学单位中长期在一线开展服务的人员中招募，确保招募的特聘农技员是"来则能战"的农技推广人才。**三是规范招募程序。**结合地方实际确定特聘农技员招募数量、补助标准，规范发布需求、研究公示、确定人选、签订服务协议（或服务合同）等程序，招募全程公开透明，从制度设计上避免存在暗箱操作空间，降低廉政风险。**四是细化服务任务。**特聘农技员的任务是，为县域农业特色优势产业发展提供技术指导与咨询服务，为贫困农户从事农业生产经营提供技术帮扶，与基层农技人员结对开展农技服务、增强农技人员专业技能和实操水平，确保特聘计划支撑特色优势产业发展、助力脱贫攻坚、提升推广队伍能力等三大预期目标实现。**五是规范人员管理。**县级农业农村部门通过与特聘农技员签订购买服务协议（或服务合同），作为特聘农技员服务期内管理的根本依据，实施周期原则上与补助项目同步，特聘农技员服务期限原则上不超过1年。**六是落实经费保障。**商财政部同意，特聘计划实施地区农业农村部门可统筹利用中央财政农业生产发展资金支持基层农技推广体系改革与建设的资金，对特聘农技员给予补助。各省在经费安排上明确特聘计划实施县用于特聘计划经费数量，保障特聘计划经费支持。同时支持鼓励特聘计划实施省、县争取其他渠道资金，加大对特聘计划的支持力度。**七是规范补助标准。**特聘农技员具体补助标准，既要考虑各地经济发展差别、资源环境禀赋，也要根据特聘农技员的任务难度、工作强度、服务时间等，统筹各类因素公开公正确定。

（二）主要成效

经过各方面努力，特聘计划工作有序推进。22个特聘计划实施省份农业农村部门均单独制订或在省级补助项目实施意见中明确特聘计划实施方案，确定实施县数量838个，计划招募特聘农技员3 375人，投入补助项目资金1.06亿元。同时，天津、福建等没有国家级贫困县的省（市）对实施特聘计划意愿较高，也选择了18个县（区）结合特色产业发展需要组织实施特聘计划。特聘计划的实施为产业扶贫提供了技术人才支撑，为基层农技推广体系建设探索了新路径，得到基层政府和农业农村部门的认可，受到农民群众欢迎。

1.为产业扶贫提供了技术人才支撑

目前多数贫困地区农技推广服务供给较弱，实施农技推广服务特聘计划，按照发展特色优势产业、带动贫困农户精准脱贫等要求，招募有丰富农业生产实践经验和较高技术专长、服务意识和协调能力较强、且在服务区域有较好群众基础的人员作为特聘农技员，有针对性开展农技推广服务，为产业扶贫提供技术人才支撑，受到试点地区欢迎。四川省将全省45个贫困县中的42个县（市）纳入特聘计划试点，宁夏回族自治区尽管不在本次试点范围内，也根据当地需要，在14个县实施特聘计划。

2.探索公益性农技服务有效供给方式

各地农业新产业、新业态蓬勃发展，对农业技术服务需求多、内容新，现有基层农技推广机构服务覆盖面有限、服务供给难以满足要求，迫切需要创新公益性农技推广服务方式，满足地方农业优势特色产业发展需要。实施农技推广服务特聘计划，通过政府购买服务的方式，从农业乡土专家、种养能手、新型农业经营主体技术骨干、科研教学单位一线服务人员中招募一批特聘农技员，承担公益性和公共性农技推广任务，解决了贫困地区农业产业发展缺品种、缺技术、缺装备的问题，探索积累了国家公益性农技推广服务供给方式创新经验。

3.探索农技推广队伍建设有效途径

农技推广服务特聘计划实现"三个突破"，是基层农技推广队伍建设的一次重大改革创新，为农技推广队伍长远发展探索了新路子。**一是突破编制管理限制。**特聘农技员招募不涉及编制，降低了当地农业农村部门协调其他部门的难度，便于尽快充实乡镇农技推广队伍。**二是突破农技人员来源限制。**特聘农技员来源广泛，对年龄、学历没有硬性要求，可以全职也可以兼职，谁能干就用谁，真正实现"聚天下英才而用之"。**三是突破现有农技推广队伍管理障碍。**特聘农技员在管理上，实行县聘县管、县聘乡管和乡聘乡管等模式；在考核上奖勤罚懒、奖优罚劣，及时解除不合格人员的聘任关系，合格人员聘用期满后优先予以续聘，有效激发了优秀特聘农技员干事创业的热情。

特聘计划典型案例

湖南：全面实施特聘计划　助力特色产业发展与脱贫攻坚

实施农技推广服务特聘计划，有利于增强农技推广服务供给能力，促进扶贫产业和特色产业的发展水平提升。2018年农业农村部办公厅发布《农业农村部办公厅关于全面实施农技推广服务特聘计划的通知》（农办科〔2018〕15号），湖南省农业农村部门高度重视，认真谋划，大力推动，组织全省51个贫困县和10个非贫困县实施农技服务特聘计划。

1. 主要做法

(1) 精心部署促规范

为做好特聘计划实施工作，湖南省农业农村部门制订了《特聘农技员遴选办法》《特聘农技员考核管理办法》等规章制度，以及《特聘农技员协议书》《技术服务合同》等相关规范性协议，旨在细化服务任务，严格招募程序，强化人员管理。为统一各地思想认识，组织部分市州、51个贫困县和10个有实施意愿的非贫困县在凤凰县召开全省农技推广服务特聘计划现场培训会，明确了特聘计划的实施范围和内容，设定了特聘计划实施的时间表和路线图，对招募程序和关键节点作了具体部署和重点要求。

(2) 加强指导促落实

湖南省农业技术推广总站受农业农村厅委托，成立专项工作组，指导实施县特聘农技员工作开展。多次赴各实施县座谈调研，了解农业生产服务需求和特聘计划落实情况，帮助实施县协调资金和相关保障政策，及时稳妥为特聘农技员解决工作中遇到的困难与问题，并对特聘农技员工作情况不定期开展现场督导，保障特聘计划顺利实施。各实施县严格按照"制订方案—发布公告—招募考核—公示结果—签订协议"的程序有序推进、阳光招募，已有33个县市区完成了招募工作，共招募特聘农技员90名。

(3) 有效激励促活力

基层农技推广体系改革与建设补助项目为每个特聘计划实施县安排了10万元特聘计划专项资金。实施过程中，各实施县积极用好用活补助项目资金，探索特聘农技员"年薪制＋绩效考核奖""推广项目支持＋现金报酬"等激励机制，调动特聘农技员积极性。此外，湖南省统一组织为特聘农技员颁发聘书工作证，购买意外伤害保险。中国农技推广平台等众多行业媒体，对一批服务效果好、扶贫效果好的特聘农技员进行宣传，形成良好典型示范。这些举措对激发特聘农技员活力起到很大作用。

2.主要成效

特聘计划实施得到了各地农业部门和农民的欢迎，促进一大批特聘农技人员扎根基层，进村入户，在推动产业发展、提升小农户技术应用水平、促进脱贫攻坚等方面取得了显著成效。

（1）突出了特色

特聘农技员未必年龄长、学历高，但都有着丰富的生产实践经验、良好的服务意识和协调能力，能为发展特色产业和扶贫提供精准有力的技术支持。湖南省招募的90名特聘农技人员中，有省级科研院所专家2人，退休农技人员12人，种养大户、新型农业经营主体技术骨干、农业乡土专家76人。特聘农技员发挥自身离农户近、受农户信任的优势，建设了87个特聘农技员技术服务示范基地，并利用早晚时间走家串户，真正做到了做给农民看、带着农民干。

（2）彰显了特效

特聘农技人员服务的产业涵盖了水稻、水果、茶叶、蔬菜等主导产业和湘莲、蜜蜂养殖、红薯、中药材等特色产业，服务面积达到119.73万亩，产业带动贫困户42 271户。各地特聘农技人员针对小农户开展科学技术和经营管理培训，累计举办培训班346期次，培训人数达16 636人次。通过集中授课、现场指导、互动交流等方式，使技术快速被农民掌握和应用，同时有效提升小农户市场意识和经营管理能力。

（3）锤炼了队伍

特聘农技员在某个产业领域往往有"独门绝技"，国家农技推广机构的农技人员在全产业链服务方面具有优势。为发挥所长、互相补位，实施县探索采取"1+2"的组团模式开展服务，即1名特聘农技人员+2名乡镇农技人员组成一个服务组共同为农户开展服务。在服务过程中，特聘农技员与农技人员教学相长，理论知识和专业技能两方面得到明显提高，整体上提升了公益性农业技术推广服务能力。

特聘农技员指导农户生产

（湖南省农业技术推广总站　周桂华）

湖北丹江口：建特聘农技队伍　助农业产业发展

2018年，湖北省丹江口市作为湖北省37个贫困县之一，全面实施农技推广服务特聘计划，在全市范围内公开遴选了特聘农技员4名，其中柑橘岗位2名、茶叶岗位2名。特聘农技员按照签订的服务协议，在包村联户、科技培训、技术指导、办示范样板等方面开展服务工作，为丹江口市农业产业发展和脱贫攻坚做出了重要贡献。

1. 主要做法

丹江口市通过不断创新工作机制、优化工作环境、加大培训力度，大力推进特聘农技队伍建设，切实提高农技推广服务水平，为脱贫攻坚和乡村振兴提供人才保障和智力支持。

(1) 加强组织领导，统筹推进工作落实

2018年特聘农技员计划下达后，市委、市政府主要领导作出批示，要求市农业农村局、市委人才办、市人社局等部门抓好工作落实。一是由市农业农村局牵头，会同市委组织部、市委人才办、市农业农村局、市人社局等单位建立农技推广特聘计划试点领导协调机制，强化组织、指导和监督，妥善解决特聘计划实施中遇到的困难与问题。二是制订特聘计划实施方案，规范招募程序，发布招募公告。三是制订特聘农技员考核管理办法，建立特聘农技员动态管理制度，对特聘农技员实行一年一聘任，对考核优秀的农技员可优先继续聘用。

(2) 强化经费保障，完善扶持奖励政策

丹江口市农业农村局统筹基层农技推广体系改革与建设补助项目等相关资金，对特聘农技员给予补助，补助标准为每名特聘农技员每年3万元。鼓励支持特聘农技员干事创业，在评聘农业专业技术职称、申报科技项目、评奖评优、参加科技培训等方面特聘农技员与国家农技推广机构在编农技人员享有同等权利。4位特聘农技员在全市农技推广服务工作中的表现出色，1人中获得"湖北省劳动模范"，1人获得"丹江口市创业创新大赛"优秀奖、"水都创业之星"，2人获得"丹江口市优秀农村实用人才"等荣誉称号。

(3) 创新推广方式，搭建平台用好人才

一是以创建基地促发展，按照"农技员+基地""示范+带动"的工作思路，以特聘农技员创业基地为载体，积极引导农业科技示范主体调整农业产业结构、扩大产业规模，广泛吸纳各类优秀人才参与创业、创新。二是以特聘农技员促服务，围绕柑橘、茶叶主导产业，针对贫困户发展需求，采取"农技员+合作社+专业大户+贫困户"的农技推广服务模式，找准短板、缺啥补啥，做好产业示范带动。三是以农业专家带农技员抓推广，通过市、镇级农业技术专家带特聘农技员深入扶持示范主体、扶贫对象，通过举办现场会、发放明白纸、示范实用技术等形式组织培训，解决农技推广"最后一公里"的难题。

(4) 加大宣传力度，营造干事创业氛围

总结农技推广服务特聘计划试点中的好做法和经验，利用广播、电视、报刊、网络等媒体，宣传优秀特聘农技员的先进事迹，营造支持特聘农技员服务基层、创业富民的良好工作氛围。特聘农技员扎根山区农村、传播农业技术、服务产业扶贫等优秀事迹受到省级农业信息网站和市级党建网的宣传报道。

2. 取得成效

(1) 学习业务提升自身专业水平

一是为特聘农技员争取现代农业技术培训、外出学习考察、实地操作观摩等学习活动机会，组织参加了在北京举办的为期7天的对口协作农村致富带头人及农村实用人才培训班。二是根据农业发展实际，帮助特聘农技员科学制订年度工作计划，配合所在乡镇农技中心积极开展各项工作。三是安装使用"农技推广"APP及时上传工作日志，并指导负责的农业科技示范主体和帮扶对象进行安装使用。一年来，组织4名特聘农技员参加各项技术培训和外出参观学习3次，特聘农技员专业知识和业务能力得到提升。

（2）技术培训提高农技推广服务效能

特聘农技员进村入户进行农技推广服务的同时，积极深入所在区域深度贫困村进行各类技术培训工作，对扶持的贫困户开展"三个一"重点帮扶，即帮助贫困户发展一个主导产业、掌握一门农业实用技术、年均增加一成收入。通过主推农业技术培训为抓手，4名特聘农技员全年进村入户都达到100天以上，开展以柑橘、茶叶等各类农业主推技术达50余场次，培训人次达到3 000余人次，发放技术资料4 000余份，辐射带动周边5 000余户，间接增收达到300余万元。特聘农技员李贵忠帮扶钱湾村5位贫困农户，积极帮助他们发展茶叶产业，为5户贫困户提供技术指导、茶叶专用肥，帮助收购鲜叶、销售茶叶产品等措施，使帮扶贫困户2018年人均年收入达到5 300元，增收幅度在25%以上。

（3）示范引导增强发展内生动力

根据当地产业发展实际，2018年初，4名特聘农技员参与精品柑橘栽培示范园、2个绿色高效茶叶示范园建设，示范面积850亩，集中展示5个柑橘、茶叶新品种，组织当地农业科技示范主体和贫困农户在示范园区技术培训、参观学习、技能操作8场500余人次。土关垭镇农技员张锐2014年创办丹江口市华茗生态农业专业合作社，入选特聘计划后，通过合作社在土关垭镇精准扶贫村金竹园村流转贫困户茶园180亩、村集体茶园120亩，新建茶叶绿色高效示范园250亩，引进一系列茶叶新品种、新技术、新模式，研发的新式茶产品也受到市场认可。金竹园村214户贫困户群众不仅引进了新品种、采纳了新技术，还学习到了新的经营管理理念，认识到想脱贫就必须靠产业，只有产业兴旺了发展才有更大内生动力。

（4）产业扶贫助力贫困农户脱贫致富

一年来，特聘农技员倾心于贫困村、贫困户，认真调查了解农户贫困状况和产业情况，帮助他们制订发展规划，针对性组织技术培训和指导。习家店镇特聘农技员江涌，作为该镇聚源柑橘合作社的理事长，协助镇农技中心负责7万余亩柑橘的技术指导，为了帮助大家靠着柑橘脱贫致富，通过合作社购买10 000余株特早熟新品桔苗大分四号，免费提供给贫困户。4名特聘农技员通过产业扶贫项目，全年组织柑橘修剪、重大病虫害防治、无公害技术等培训10余场700多人次，手把手进行技术指导，推动改造柑橘果园2 000余亩，柑橘增收2 500余吨，有效帮助贫困户建立产业，为脱贫致富打下良好基础。

组织特聘农技员面试会

颁发特聘农技员聘书

特聘农技员在土关垭镇茶叶示范园了解茶叶长势情况

特聘农技员监测柑橘病虫害发生情况

特聘农技员培训茶叶标准化生产技术

（湖北省丹江口市农业农村局　赵顺卿）

湖南赫山区：特聘农技员成为贫困农户脱贫致富好帮手

2018年湖南省赫山区结合现代农业发展需求开展农技推广服务特聘计划，面向全区招募了3名农技推广服务特聘人员，按服务协议开展"稻+虾""稻+菇"、再生稻生产技术服务工作，在农业生产关键环节主动开展入户指导、技术培训，每人结对5个农户（贫困户）以上，每月上门服务3次以上，解决农户生产中遇到的技术问题，取得重要成效。

1. 指导稻虾产业发展，做农民增产增收好帮手

赫山区拥有大面积湖区，地势低洼适宜稻虾种养。特聘农技员杨文负责12家贫困户"稻+虾"种养技术的指导，2018年"稻+虾"种养面积从862亩扩大到了3 040亩，每亩纯收入预计可以达到4 500多元，同比增加772元，增收20.7%。在帮扶一个贫困户时，杨文帮助他做了"稻+虾"产业发展规划，垫付2万元资金并提了三个保证，即保证资金，保证技术，保证虾苗、饲料供应及产品的回收，让贫困户放心大胆地做。此外，他还利用合作社实训基地免费帮助投放了250千克种苗和1吨饲料，每隔两天去实地做技术指导。该贫困户"稻+虾"种养面积10亩，3个月时间就赚了18 000元，预计年收入可以达到45 000元，脱贫效果立竿见

影。特聘农技员周仁康负责再生稻基地和周边5户种植户的技术指导，种植的再生稻总面积为1 995亩，再生稻一季亩产获得了630千克产量，并且再生季预计亩产可以达到240千克，比上年每亩增产245千克、增收612.5元。

2.服务稻菇生产，促进农业绿色综合发展

赫山区大力推进农作物秸秆资源化利用，把稻草用作蘑菇的基料，抓精细整地开沟排水和稻草回收利用，大力发展稻菇产业，不仅有效减少了大气污染，还成为帮助农村扶贫脱贫、农民增收致富的新产业。大球盖菇一年可产四批次，最高亩产可达2 000千克，鲜菇市场价最高可以卖到24元/千克，市场大、前景好。特聘农技员夏言震负责稻+菇种植技术指导，他指导了5个农户，其中4个贫困户，一个种田大户，总面积为2 194亩，以前种植的一季水稻每亩平均产量520千克，纯收入只有600多元。在夏言震的指导下，每亩平均产菇2 000多千克，一季晚稻产量预计达600千克，预计每亩可增收3 500元。

3.纳入乡土专家，搭建农技服务新平台

通过特聘计划的实施，弥补了赫山区乡村农技推广工作的不足。区农技推广机构的农技人员专业以植保专业和作物栽培为主，专业较为单一；特聘农技人员作为"乡土专家"，具有多元的专业背景和丰富的实践经验，而且与老百姓离得更近，沟通方便、反馈及时，指导农户时能够充分发挥特聘农技人员服务效能，成为连接农技部门与乡村广大农民之间的桥梁，也提高了赫山区农技推广服务的整体水平。

（湖南省益阳市赫山区农业农村局　熊卫湘　蔡灿然）

陕西长安区：特聘计划连通农技推广"最后一公里"

2018年陕西省西安市长安区实施特聘计划，以农业乡土专家和乡村能手为对象，招募10名特聘农技员上岗，涵盖粮食、蔬菜、畜牧、花卉、农家乐五大主要产业，采取"长期＋短期""驻地＋住家""传授＋示范"等多种方式开展生产技术和农产品销售指导服务，共举办各类培训56场次，现场指导39次，引进新品种新技术8项，其中4项已应用于生产，建立服务微信群8个，发布服务信息1 300条，答疑解惑580人次，解决生产问题120多个，累计服务农民2万多人次。

特聘农技员团队

选聘大会现场

1. 主要做法

（1）严格程序明确分工

省级部门下达特聘计划任务和工作要求，经过市级部门分解明细下达到区县后，区农业农村主管部门第一时间向区政府分管领导汇报，制订实施方案。按照公告—报名—初审—竞选—公示—确定—聘用—培训—签约的既定程序，严格遵从各环节要求，公平公开公正择优组织选聘，让优秀人才进入到特聘技术员的队伍中，为今后的工作夯实基础。成立特聘计划管理小组，组长由区农技中心主任担任，农技站、蔬菜站、植保站、土肥站等为成员单位，按照业务分工各司其职。

（2）实行一人一聘管理

在签订服务协议时，根据特聘农技员的产业类别和专业优势，分别设置工作目标、职责和绩效，结合实际差异化制订合同文本，明确责任、义务和纪律，一人一签，厘清责权利，明晰目标任务，既避免滥竽充数，又最大程度发挥特聘农技员特长。

（3）报酬按工作业绩兑现

以《特聘技术员管理办法》和《个人聘用合同》为依据，分时段检查和考评特聘农技员工作情况，评定等次，分档兑现工资。优秀者加发绩效奖励工资，不合格者扣发工资直至解聘。奖勤罚懒有力调动特聘农技员积极性，取得良好效果。

（4）建立"1＋1＋N"农技服务模式

1名农技部门的农业技术骨干联结1名特聘农技员，对接服务N个对象。每名特聘农技员分别驻扎不同区域、不同园区，对不同产业类型进行指导，以驻扎园区为平台为多个农户或新型经营主体提供技术指导服务，实现区级技术骨干、特聘技术员和生产主体三方面智慧聚集、信息互通、经验共享，提高农技推广服务效能。

（5）周报告月例会年考核

每月23日在各特聘农技员驻扎服务的园区或合作社轮流举办特聘农技员工作例会。特聘农技员结合个人每周汇报，逐一在会上总结当月工作、汇报下月计划。管理小组对特聘农技员工作情况逐一点评，表扬先进典型，指出错误不足。同时做好记录，为年度科学公平的综合考核保存印证资料，事实上实现了考核常态化。

现场技术交流

2.取得成效

（1）有效打通"最后一公里"

砲里塬是长安区地膜西瓜种植基地，距离县城30多公里，常年栽培面积1 000余亩，连年种植，出现了连作障碍，病虫害逐年加重，6月，个别西瓜地蚜虫、枯萎病、病毒病严重发生，一名农户的5亩西瓜染病后幼苗不停死亡。特聘技术员于学昌听说后，及时赶到农户家诊断，确诊为枯萎病，制订了治疗方案，最大程度挽回了损失。特聘技术员张爱军，6月中旬冒着烈日为果农传授果树施肥、灌水、夏季修剪及病虫害防治相关知识，农户纷纷表示："这样的指导及时、解渴、真过瘾"。特聘技术员王小波，立足本地，引领和指导群众生产高质量草莓种苗，延伸草莓产业链条，成功把长安草莓技术推广到西藏的阿里地区，开创青藏高原高海拔地区草莓生产的先河。特聘农技员本身就是当地种植能手，凭借个人丰富经验，利用地利人和优势，服务当地群众，践行"服务在乡村田间，解惑答疑到群众身边"的理念，尽显才能，出色完成农技推广服务任务，赢得群众认可，打通了"最后一公里"。

老于指导的西瓜丰收了

张爱军在辅导鲜桃技术

（2）助力特色农业发展，实打实促进农业增效

90后特聘技术员付月星，人称"小农女"。她人小脑子活，学以致用，依托大兆街道合民意家庭农场，成立陕西小农女农产品有限公司，创下多个第一：第一个联合7家合作社把自家瓜菜销售进社区，第一个带自产农产品闯荡西安年货节，第一个把亲子活动在园内做得风生水起，还有组织农户做果树认领、瓜菜预售、会员配送、开心农场等。她的名言"让吃者知道就是王道"，引得天南海北的客人络绎不绝前来体验采购；半年时间就帮助周边农户销售西瓜辣椒20余吨。"全国新农人100强"和"长安好青年"的荣誉激励着她自强不息，毫不保留地向有需要的人传授着成功经验，让特色农业也成为年轻一代的创业目标。

（3）引导群众生产热情，跨越式实现技术落地

长安草莓是国家农产品地理标志登记产品，种植面积1.2万亩，产值近8亿元，是当地支柱产业，农户技术进步需求迫切。为使长安区的草莓生产水平得到跨越式提升，草莓特聘农技员团队期望学习外地先进技术，以达到改良土壤、提升产量和品质的目的，实现草莓可持续发展。特聘农技员在丹东学习了当地20年生产实践中总结出的优质暖棚设施、莓肥套餐、疏花疏果、密植栽培、遮荫降温等几项实用技术经验，回去后大展拳脚。3个月后，几项技术落地实施效果良好，8家试验田的主人比学赶帮超，主动配合特聘团队记载生产数据，丰收信心满满。先进技术成功引进，也为长安区大面积推广奠定了基础。

（4）指导农民学习信息化技术，让手机成为农业生产的新农具

特聘农技员翟文波是一位网络红人，拥有三农粉丝300多万人，他利用快手、抖音等直播平台，开展农事讲座，讲解内容包括电子商务销售、社区电商配送、三农成果交流等方面，单次就有来自17个省1 000多人次在线收看。通过短视频平台宣传，长安农产品成功吸引消费者目光，一个合作社创造了3个月销售40多万棵火龙果苗的佳绩，极大地提升了农户种植的积极性。此外，他通过短视频开展农技服务，将病虫害预防等技术制作成短视频，对细节部分进行情景演绎说明，通过抖音、微信进行传播，农户随时随地观看学习，快捷方便。这种做法得到广大农民认可，受到广泛好评。如今，他被推举为陕西省职业农民协会副会长，正在为更多农民讲授"让手机成为农业生产的新农具"课程。

（5）聚集乡村弱势群体，搭台子帮助就业创收

无抗养殖是生产安全营养无抗生素残留的畜禽产品新技术。以长安区万缘养殖合作社为依托的畜牧特聘农技员肖养红，推广无抗养殖"十个环节"，建立一整套鸡蛋质量追溯体系。她的"向阳川"牌无公害鸡蛋荣获第25届中国杨凌农业高科技成果博览会"后稷特别奖""陕西省著名商标"等荣誉。她通过进行养殖技术培训、发放宣传册、指导病虫害防治等，及时帮助养殖户解决遇到的技术难题，安排贫困户家庭人员就业8人，吸纳农村劳动力就业80人，带动周围养殖户增收两成以上，在示范引领当地群众和贫困户科技致富方面发挥了积极作用。肖养红个人也获得"全国科普惠农兴村带头人""西安市劳动模范""西安市三八红旗手"等多项称号。

（陕西省长安区农业技术推广中心　韩彦会）

第五篇
重大引领性农业技术集成示范

重大引领性农业技术集成示范总体实施情况

2018年，农业农村部围绕乡村振兴、农业高质量发展的技术需求，组织开展了10项重大引领性农业技术集成熟化与示范推广工作（以下简称"十大技术集成示范"）。经过近一年的研究谋划与组织实施，集成示范工作取得了初步成效，为实现质量兴农、绿色兴农，提高农业质量效益竞争力提供了有力科技保障。

（一）主要做法

1.加强顶层设计，统筹协调推进

在技术遴选上，紧扣"引领性"这个核心，经过广泛征集、专家论证、补充推荐、优化完善等程序，确定了2018年进行集成示范的10项技术：小麦节水保优生产技术、蔬菜全程绿色高效生产技术、玉米籽粒低破碎机械化收获技术、水稻机插秧同步侧深施肥技术、油菜毯状苗机械化高效移栽技术、奶牛精准饲养提质增效技术、异位发酵床处理猪场粪污技术、受控式集装箱循环水绿色生态养殖技术、南方水网区农田氮磷流失治理集成技术、全生物降解地膜替代技术。技术集成示范工作中，坚持需求导向、问题导向和目标导向，以支撑引领全产业链优质绿色增效为目标，紧密结合优质安全、节本增效、绿色环保等要求，探索农科教紧密结合、产学研用一体化实施路径，组建优势互补的技术专家团队，建设展示效果显著的试验示范基地，形成贯穿农业生产生活全过程的优质绿色增效技术体系，构建可复制、可推广的综合化、全程性技术解决方案。

2.科学高效分工，广泛集聚资源

充分发挥我国社会制度优势，统筹整合资源，形成强大合力。科教司作为项目实施指导单位，发挥牵头抓总作用，把十大技术集成示范作为年度农业技术推广工作的核心任务，筹集实施经费，加强综合协调，组织调研督导和绩效评价。部属5站作为十大技术集成示范具体实施的牵头单位和责任单位（农技中心单独牵头2项、与农机总站共同牵头1项；农机总站单独牵头2项；全国畜牧总站单独牵头2项；全国水产技术推广总站单独牵头1项；生态总站单独牵头2项），调动并发挥在技术示范推广中的体系、专家、平台等优势和特色，遴选确定技术集成熟化单位和示范展示单位，编制技术集成示范方案并组织落实，组织技术集成示范具体实施和调度督导。技术专家组发挥在成果、人才、平台等优势，依托已有创新试验基地等加强技术集成熟化。示范推广单位按照示范展示任务要求，高效率开展技术推广示范工作。

3.加强经费保障，强化绩效管理

科教司在2018年农业技术试验示范经费中安排1 000万支持十大农业技术集成示范。每项技术集成示范安排100万元经费，引入竞争机制，即每个技术示范推广任务选择2个单位承担，每个单位支持50万元左右。通过承担任务单位自我评价、现场实地抽查、第三方评价等，加强项目实施情况绩效跟踪和考核验收，并建立激励约束机制，将实施效果与今后任务安排、经费支持等紧密挂钩。

4.注重总结宣传，营造良好氛围

科教司与部属5站定期交流十大技术集成示范进展情况，结合工作中新情况新问题及时调整完善工作措施。通过召开现场技术观摩，组织测产验收、举办技术讲座等活动，积极宣传十大技术集成示范成效经验。2018年7月17日，农业农村部在甘肃省山丹县举办了十大技术发布暨现场技术观摩活动，承担技术集成示范的科研院校、推广单位、新型农业经营主体，31个省农业厅局科教处负责同志等参加活动。农民日报及中国政府网、人民网、新浪网、凤凰网等媒体进行了广泛报道。

（二）取得成效

十大技术集成示范工作开展以来，通过加强集成熟化与组装配套，组织技术示范观摩与交流研讨，有效发掘了已有农业技术成果潜力，加快了技术推广应用进程，探索了符合新时期要求的技术推广做法经验。

1.示范推广一批有力支撑农业农村经济发展的技术

十大技术中大多数是在生产中推广应用技术基础上集成打造的"升级版"技术，更加聚焦农业生产需求，更加贴近农民生活需要。如小麦节水保优技术在选用优质良种的基础上，配套药剂拌种、适墒播种、适期播种、适量播种等4项播种技术，以及规范化播种、立体匀播、测土配方施肥、节水栽培管理、"一喷三防"等5项技术模式，有力支撑小麦生产绿色优质稳产高效，对推进小麦产业结构调整、加快优质专用小麦发展具有重要作用。全国农业技术推广服务中心组织专家对巴彦淖尔市杭锦后旗1 500亩小麦节水保优技术集成示范区进行测产验收显示，平均每亩产小麦454.8千克，实现节水40%、节肥20%、节本增效100元以上。异位发酵床处理猪场粪污技术将现代成熟的物联网智能化技术、电子自动化技术与发酵床运行管理等集成为一体，形成从源头减量到过程控制到末端利用的标准化、信息化和简便化技术操作规程，降低异位发酵床运行管理成本，提高猪场粪污综合利用率，推动构建"养-肥-农"全链条产销体系，以点带面促进畜禽粪污资源化利用，推进农牧循环可持续发展。

2.引领带动农业产业升级换代

十大技术针对新形势下农业高质量发展和供给侧结构性改革的新需求，着力破解当前制约产业发展的瓶颈性问题，通过示范推广有效提高了农业生产的科技化水平，引领带动农业产业升级换代。如**受控式集装箱循环水绿色生态养殖技术**是一种生态环保、集约智能、产出高效的水产养殖技术模式，通过在广东、福建、河南等地打造一批典型样板，对推动水产养殖绿色发展具有重要引领作用。天津等地农业部门详细了解受控式集装箱循环水绿色生态养殖技术后，积极与全国水产推广技术总站对接，希望推动相关技术引入当地。**玉米籽粒低破碎机械化收获技术**通过适宜品种、栽培技术、收获机械以及烘干设施等方面技术集成熟化，实现玉米高效、低损失、籽粒低破碎收获，该技术大范围推广应用，是实现我国玉米生产全程机械化、提高玉米国际竞争力的重要保障。

3.推动单项技术向多技术集成组装配套的转变

遴选推广的十大技术，每个技术都围绕1～2项关键技术进行集成组装，形成全产业、全过程技术体系，一定程度上破除了过去单一技术示范推广，农民不好学、学不好、带动效果不明显等弊端。**蔬菜全程绿色高效生产技术**是三大项十小项关键技术（以生态安全消毒、微生物菌肥（剂）活化、有机质提升等技术为主的土壤生态安全消毒活化技术；以集约化穴盘育苗、水肥一体节水减肥增效、机械化轻简化省工生产、病虫害绿色防控减药增效等技术为主的"三减三增"绿色生产技术；以高温堆肥和微生物厌氧发酵等技术为主的蔬菜废弃物处理与资源化利用技术）与产地环境控制、农业投入品、标准化生产、商品化处理等技术组装集成形成的，通过将单项技术"串联"，为蔬菜产业全程绿色发展构筑"安全通道"。

4.初步探索符合新时期发展要求的农技示范推广做法

十大技术集成示范中，农业部门总负责，技术推广优势单位牵头，实行双首席制，即农技推广机构和技术研发单位的主要专家组成专家指导组，推广专家、科研专家担任双首席，探索新时期农科教紧密结合、产学研用一体化的农业技术推广实施模式。在实践中，十大技术集成示范实施进度、技术推广应用效果等达到了预期。初步表明这样的做法措施，在事关农业农村经济重大发展方向的技术集成示范推广方面，具有一定的可复制、可推广价值。

集成示范项目

小麦节水保优生产技术集成示范

（一）技术概述

优质专用小麦节水保优技术在选用良种的基础上，配套药剂拌种、适墒播种、适期播种、适量播种4项播种技术，小麦规范化播种技术、小麦立体匀播技术、测土配方施肥和氮肥后移保优丰产栽培技术、节水优质高产栽培技术和小麦"一喷三防"技术5项优质高产技术模式，实现绿色优质高效。项目实施对推进小麦产业结构调整、加快优质专用小麦发展具有重要作用。

1. 选用良种

选用通过国家或省级审定、适宜本地生长的稳产强筋小麦品种，种子纯度、净度、发芽率等要求达到国家标准。

2. 播前准备

（1）精细整地

秸秆还田，将前茬作物秸秆粉碎还田，粉碎秸秆长度小于8厘米，并均匀抛撒。深耕深松，3年深耕或深松1次，深耕25厘米以上，深松30厘米以上，及时机械整平。施用基肥，根据土壤肥力基础，测土配方科学施用底肥。旋耕整地，旋耕13～15厘米，耙实整平，机械镇压，踏实土壤。土壤处理，地下害虫达到防治指标的地块，整地前用高效低毒杀虫剂制成毒土，均匀撒施地表，随整地翻入土中。

（2）种子处理

播种前用高效低毒农药拌种或专用种衣剂包衣。

3. 科学播种

根据各麦区实际情况，因地制宜，适期、适墒、适量，机械条播或匀播。酌情机械镇压，踏实土壤。

4. 精准管理

（1）冬前除草

北部冬麦区和黄淮冬麦区，11月上旬至下旬，依据麦田杂草发生种类和数量，选用适宜的化学除草剂均匀喷洒进行防除。禾本科杂草选用精噁唑禾草灵或甲基二磺隆；阔叶杂草选用苯磺隆或唑嘧磺草胺；禾本科和阔叶混生杂草选用甲基碘磺隆或氟唑磺隆，按照使用说明书施用。

（2）灌越冬水

北部冬麦区和黄淮冬麦区，0～20厘米土壤相对含水量低于65%的麦田，在日平均气温降至0～3℃、夜冻昼消时灌越冬水，每亩控制在灌水量40立方米。

（3）麦田镇压

北部冬麦区和黄淮冬麦区，冬前或早春麦田表层0～5厘米土壤相对含水量低于60%时，于晴天午后机械镇压。东北春麦区，在麦苗3叶期，根据土壤墒情、苗情镇压1～2次，注意镇压机械匀速作业。

（4）肥水管理

北部冬麦区和黄淮冬麦区，早春0～20厘米土层相对含水量低于60%的麦田，在日平均气温稳定通过3℃时进行灌水补墒；总茎数低于70万／亩的麦田，结合灌水推荐追施氮素3～4千克／亩。各类麦田均于拔节期结合灌水追施氮素化肥，拔节前已追过肥的麦田，推荐追施氮素3～4千克／亩；拔节前未追过肥的麦田，推荐追施氮素6～8千克／亩。每次灌水量控制在每亩40立方米。东北春麦区，无灌溉条件的麦区，可结合化学除草每亩叶面喷施尿素0.5～1千克和磷酸二氢钾0.2千克；有灌溉条件的麦区，于拔节期结合灌水追施尿素每亩5～6千克。有灌溉条件的麦区，抽穗至灌浆初期0～20厘米土壤相对含水量低于65%的麦田需要进行灌水，灌水量控制在每亩40立方米。

（5）春季化学除草

冬小麦返青至起身期根据田间杂草发生种类和生长情况，适时化学除草。春小麦麦苗4叶前，依据麦田杂草发生种类和数量，选用适宜的化学除草剂均匀喷洒进行防除。

（6）防治病虫

针对各麦区主要病虫发生情况，进行物理防治和化学防治。小麦生育后期，根据当地病虫害重点防治对象，选用适宜的杀菌剂和杀虫剂，并与磷酸二氢钾现配使用，机械均匀喷洒。

5. 保优丰产栽培技术模式

（1）小麦规范化播种技术

包括耕作整地，深松、耕翻，深松或深翻后旋耕，耕后耙地镇压，要求土壤上松下实，耕层和地表没有坷垃；前茬秸秆还田粉碎2遍，撒匀后耕翻入土或旋耕1～2遍，种衣剂包衣或药剂拌种；做到适期、适墒、适量播种，播量准确，深浅一致，保证播种质量，强化播后镇压。适用于北部冬麦区和黄淮海强筋麦区。

（2）小麦立体匀播技术

采用小麦立体匀播机，施肥、旋耕、播种、一次镇压、覆土、二次镇压于一体，6道工序一次作业完成，使小麦种子均匀合理的分布在土壤中的立体空间内，充分发挥小麦个体均匀健壮和群体充足合理的协调机制，促使单株营养均衡，根系发达，建立优势蘖群体，苗壮蘖多；联合作业，省工节本，达到优质高产高效。适用各类强筋麦区。

（3）测土配方施肥和氮肥后移保优丰产栽培技术

根据不同地力水平的适宜施肥量参考值为：产量水平在每亩400～500千克的强筋高产田，亩施用纯氮（N）12～14千克，磷（P_2O_5）6～7千克，钾（K_2O）5～6千克；产量水平在每亩500～600千克的强筋超高产田，亩施用纯氮（N）14～16千克，磷（P_2O_5）7～8千克，钾（K_2O）6～8千克。氮肥底施和追施比例在5：5或4：6。磷钾肥全部底施。适用北部冬麦区和黄淮海强筋麦区。

（4）节水优质高产栽培技术

北部冬麦区和黄淮冬麦区强筋小麦节水保优高产栽培技术，主要包括测墒补灌、微喷灌、深松－少免耕－镇压等技术，实现减少灌溉次数，提高品质、产量和水分利用率，适用水资源相对缺乏的麦田。

(5) 小麦"一喷三防"技术

在小麦抽穗后至籽粒灌浆期,在叶面喷施杀菌剂、杀虫剂、植物生长调节剂或叶面肥等混配液,通过一次施药达到防病、防虫、防早衰的目的。

示范基地

(二)示范推广

2018年由全国农业技术推广服务中心牵头,中国农业科学院和中国农业大学支持,在河北省柏乡县和内蒙古杭锦后旗建立了示范基地,设立技术试验区和展示区,开展技术集成熟化。具体工作如下。

1.强化组织领导

成立项目实施领导小组,安排专人负责,具体协调技术集成单位、示范单位的日常工作,及时解决项目实施过程中存在的问题。根据技术集成示范要求,组建专家组。专家组实行双首席制,由农技推广机构和技术研发单位的专家共同组成,成员包括相关教学、科研和推广部门专家,具体负责编制技术实施方案,开展技术集成、组织技术培训等。其中河北柏乡聘请了省小麦产业体系首席专家曹刚、市技术站马虎城研究员为顾问,强化技术研究、试验示范和推广工作。并选派了13名技术专家包村、包地块,全程技术指导和监督,提高技术水平。内蒙古杭锦后旗成立由农业农村部科技教育司牵头,旗农牧业局、农技中心领导组成的示范区建设领导小组,同时成立示范指导组、宣传培训组和服务保障组3个小组,分工协作,责任到人、任务到岗。

2.强化项目落实

加强牵头单位、集成单位、示范单位的联合互动,发挥各自专业优势,开展协作攻关,破解技术瓶颈,尽早形成可复制、可推广的技术模式。各试验点细化任务分工,紧抓生产关键环节,采取统一划线、统一品种、统一播量、统一配方施肥、统一机具等,确保园区种植质量。河北柏乡坚持以节水保优生产技术为主线,并与开展绿色高产高效创建项目结合,以全县"打造河北省优质强筋麦品牌县的发展思路"为引领,确定了以优质强筋小麦师栾02-1为项目推广示范品种。内蒙古杭锦后旗通过优化品种结构、围绕节本降耗、提质增效、防灾减灾等关键环节开展技术示范，依托科技示范园区辐射带动推动小麦集成技术的推广转化。

3. 强化技术指导

在小麦播种和生长的关键季节全方位、多层次的开展技术指导、观摩、培训等活动。采取科技承包的形式，将科技人员分组，深入园区进行播前培训；在播种关键季节，科技人员深入田间，进行现场指导，手把手、面对面指导农民怎么种，如何管；在小麦生长关键季节，召开田间现场会等活动，提高农民对新技术的认知。通过课堂讲座、发放资料、座谈互动解疑等多种形式，将小麦节水保优技术的优势、增产机理和技术要领给农民讲透、讲清，引导农户规范操作。

小麦节水保优生产技术示范现场

4. 强化总结宣传

总结宣传项目实施中的好做法、好模式、好经验，互相借鉴，推进交流。充分利用广播电视、微博微信、报刊网络等媒体，营造良好社会氛围。2018年10月10日，全国农业技术推广服务中心在河北柏乡举办了小麦节水保优生产技术观摩交流活动，来自北京、河北、河南、山东、陕西、甘肃等6省（市）农技推广系统、行政主管部门、科研单位、种植大户、农机企业代表90余人参加活动。内蒙古杭锦后旗在小麦播种时制作小麦节水保优专题技术讲座，并在杭锦后旗电视台进行了巡回播放。

（三）取得成效

2018年7月16日，全国农业技术推广服务中心组织中国农科院、中国农业大学、扬州大学等单位的小麦专家对内蒙古自治区巴彦淖尔市杭锦后旗承担的"小麦节水保优技术集成示范"项目进行了田间测产验收。在1 500亩示范区内，随机抽取了3块田进行实收测产。经机收脱粒、面积丈量、水分测定等过程，3块田平均亩产454.8千克。与非示范区相比，示范区小麦长势均衡，穗型整齐，籽粒饱满、大小整齐，增产幅度超过10%。

（全国农业技术推广服务中心 梁健）

蔬菜全程绿色高效生产技术集成示范

蔬菜产业是农村经济发展的支柱产业，同时也是关系百姓餐桌食品安全的民生产业。但是，目前土壤连作障碍、肥药过量施用、劳动力成本增加、面源污染加大等问题严重制约我国蔬菜产业发展。蔬菜全程绿色高效生产技术针对上述瓶颈问题，围绕土壤生态安全消毒活化、"三减三增"绿色生产、废弃物处理与资源化利用等关键技术进行集成，通过技术集成示范以及推广模式创新，展示农业技术的引领性、科学性和可操作性，满足当前绿色农业发展的战略需求，带动农业投入品和农业生产环节的绿色化和可持续发展，为进一步在全国推广奠定基础、打造样板。

（一）技术要点及内容

1. 土壤生态安全消毒活化技术

（1）**生态安全消毒技术**：对于连作障碍严重的土壤，采用以高温闷棚和生物熏蒸为核心的生态安全土壤消毒技术。

（2）**微生物菌肥（剂）活化技术**：针对示范区土壤和主栽蔬菜等特点，集成示范包括微生物菌肥（剂）种类、施用时期、施用方法、施用量等在内的土壤活化技术。

（3）**有机质提升技术**：利用玉米、小麦、水稻秸秆及蔬菜残茬等废弃物，经粉碎处理后与畜禽粪便、菌剂等混合翻堆发酵，生产出绿色高效有机肥用于蔬菜生产，或在设施内采用"秸秆生物反应堆"模式。

2. "三减三增"绿色生产技术

"三减三增"即减肥、减药、减工，增产、增收、增效。主要包括集约化穴盘育苗技术、水肥一体节水减肥增效技术、机械化轻简化省工生产技术和病虫害绿色防控减药增效技术。

（1）**集约化穴盘育苗技术**：蔬菜育苗专用设施装备、设施及用具消毒、基质的选择与配制、环境调控、嫁接、水肥科学管理、病虫害绿色防控和商品苗运输等。

（2）**水肥一体节水减肥增效技术**：包括膜下滴灌和膜下微喷灌两种灌溉方式。利用水肥一体化自动控制灌溉机实现对灌溉、施肥的定时、定量控制，实现节水节肥高效灌溉。

（3）**机械化轻简化省工生产技术**：运用先进实用的机械设备，农机农艺结合，改变或优化传统技术措施，提高设施装备水平，简化蔬菜种植作业程序，减小劳动强度和用工成本，提高工作效率，实现蔬菜生产轻简化生产。

（4）**熊蜂蜜蜂授粉省工技术**：利用熊蜂、蜜蜂为果类蔬菜授粉，提高授粉率与坐果率，改善产品品质。

（5）**病虫害绿色防控减药增效技术**：农业综合防控（如选用抗病抗虫品种、全园清洁、培育无病虫壮苗）；防虫网、粘虫板、杀虫灯规范应用；性诱剂、天敌及生物农药规范应用和农药增效施用等技术，使化学农药使用减量30%以上。

3. 蔬菜废弃物处理与资源化利用技术

（1）将蔬菜废弃物与玉米秸秆、畜禽粪便等进行联合高温堆肥，充分发酵后用于蔬菜生产。

（2）将蔬菜废弃物粉碎，加水和糖后接种微生物进行厌氧发酵，生产酵素，作为叶面肥喷施或冲施肥冲施。

4. 全程绿色高效生产集成技术

将上述关键技术与绿色蔬菜产地环境控制、农业投入品、标准化生产、商品化处理等技术集成，形成蔬菜全程绿色高效生产技术并进行示范。

（二）示范推广

1.工作机制建设

（1）成立专家指导组

成立由全国农业技术推广服务中心经作处处长李莉为组长，涵盖两省农技推广部门、大专院校和科研单位人员的蔬菜全程绿色高效生产技术专家指导组，进行技术咨询与指导。

（2）明确目标责任

各省分别组建项目领导小组和项目专家小组，领导小组负责监督项目的运行进度、实施

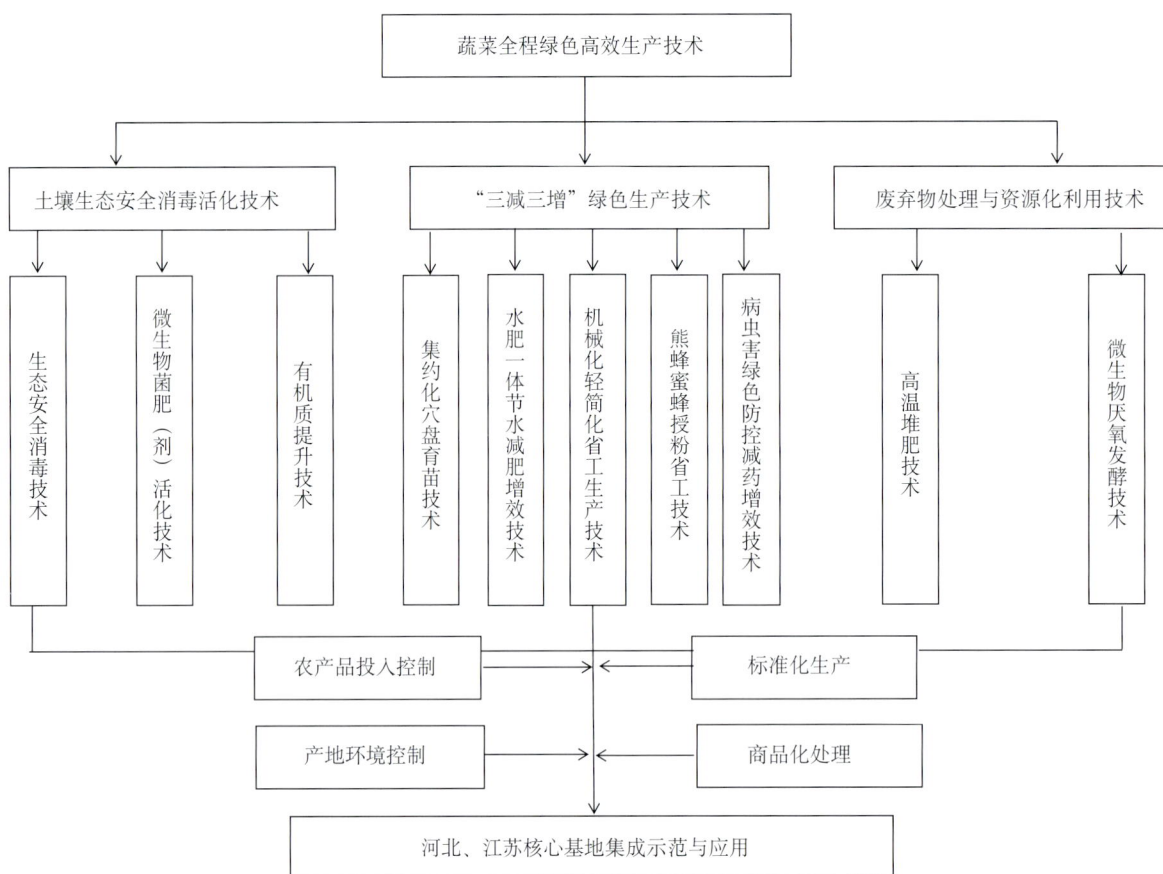

示范观摩活动现场

效果、内部考核和经费使用等；专家小组负责细化当地技术方案设计、现场技术指导、技术总结提高等工作。

（3）层层分解任务

为压实目标任务，两省项目承担单位分别与有关高校和具体实施单位（专业合作社）签订了项目合同书，层层分解任务，责任到人。

2.生产服务活动组织

在科教司的指导下，2018年5月全国农业技术推广服务中心在江苏召开了南方片区的项目启动会，8月在河北召开了北方片区的项目启动会，分区域实施项目。2018年10月分别在江苏、河北两地组织了项目示范观摩现场活动。

3.创新工作

本技术是一套全程技术，充分发挥推广系统、产业体系、社会化服务组织、新型经营主体和网络平台等多方力量。同时针对一些关键环节，设计水旱轮作、土壤消毒、减肥减药综合技术以及采后废弃物堆肥发酵等重要技术，开展试验示范，加强技术创新，突破技术瓶颈。在推广示范时，充分应用线上线下媒体进行宣传，创新地开展了现场观摩与技术示范的网络直播活动。在农业技术推广线上主要平台"爱农易"APP进行了"蔬菜全程绿色生产之江苏模式"专题直播，共有5 204人观看了直播。

（三）取得成效

1.以技术问题为导向，着力解决绿色生产关键问题

各示范基地生产实际和技术水平各有不同，在展示过程中，结合当地实际，以蔬菜绿色生产瓶颈问题为导向，着重解决连作障碍、农药化肥利用率低和植物残渣处理等面源污染问题。如江苏示范点应用水旱轮作技术可降低土壤消毒培肥成本约28%，且病虫害防控效果更佳，应用叶菜关键环节机械化生产技术可减少用工36%，应用臭氧消毒技术防病效果可达78%等，核心区综合集成应用"三减三增"技术平均可减肥28%、减药38%、省工32%，整体综合效益增加26%以上。河北示范点展示了生物菌肥、辣根素处理技术，通过安全处理土壤酸化、盐渍化情况得到明显缓解，使土传病虫害发生率降低30%以上。在废弃物综合利用方面，两地将废弃蔬果接种微生物进行厌氧发酵后，作为叶面肥喷施或冲施肥冲施，可节肥节药15%以上。

2.以全程绿色为主线，着力推进技术集成与创新

通过项目带动，两地通过"三减三增"标准化生产实现蔬菜产品质量安全，如近年来，江苏省围绕"轮、控、改、替、收"开展全程绿色高效生产技术体系建设，通过轮作换茬、控病、控盐、控生长、生物改良、替代升级以及农膜回收等技术集成整合，特别是加入一些新技术、新产品，取得良好效果。河北省主推的设施蔬菜十大技术，几年来得到了全省的广泛推广。无锡现场观摩点生产的绿色蔬菜作为超市供应商，产品价格较传统大路货提高150%以上，青县现场观摩点具有都市型农业生产+农旅结合等特点，司马庄蔬菜宴在行业内部具有较高知名度，通过项目的实施有效提高了蔬菜绿色安全生产水平。

3.以提升优化为目标，着力建立长效化工作机制

引领性农业技术在发布之初，要求各示范点以技术为主线，以任务为牵引，以项目为支撑，实现"五个一"目标。通过一年的实施，项目以蔬菜生产基地提升优化，生产水平提质增效为目标，基本建成了项目设计之初提出的"五个一"工作机制，即组建一支农科教紧密结合、优势互补的专家团队（项目整合了蔬菜产业技术体系、创新团队、农技推广技术人员）、编制一项操作性强的综合技术集成示范方案，建设一个展示效果显著的农业技术试验示范基地（建立了一南一北、一主一辅，4个示范基地），开展一次带动作用明显的技术示范观摩现场活动，形成一揽子综合技术解决方案。

（全国农业技术推广服务中心　王娟娟）

玉米籽粒低破碎机械化收获技术集成示范

（一）技术概述

玉米籽粒低破碎机械化收获技术是通过适宜籽粒机收的品种、栽培技术、收获机械以及烘干设施等方面的集成配套，适当调整收获机械割台、脱粒、清选系统结构和作业参数，有效解决摘穗收获后在拉运、晾晒、脱粒过程中的损失及霉变等问题，实现玉米高效、低损、籽粒低破碎收获，降低生产成本，提高收获质量和玉米品质。其关键技术包括品种选用、规范种植、适时收获、机具选择等。

1. 适宜机收的品种选择

选择经国家或省审定、在当地已种植并表现优良的抗倒、抗旱、耐密、耐涝、后期籽粒脱水快、苞叶疏松、适合籽粒机械化收获的中早熟品种，收获时籽粒含水率最高不超过28%。种子质量符合GB 4404.1《粮食作物种子质量标准——禾谷类》的规定。

2. 规范种植，合理密植

根据当地的气候条件、土壤条件、生产条件、品种特性，合理株行距配置，确保适宜密度；选用精量播种机进行精量播种，保证株行距一致性和播种直线度，便于对行机收作业。单粒精播播种的种子发芽率应高于96%，通过足墒、适期播种，保证苗齐、苗匀、苗全、苗壮，提高群体整齐度。种肥同播时要种、肥分离，肥料位于种子侧下方5～10厘米。

3. 适时收获，保障收获质量

收获时期一般在生理成熟（籽粒乳线完全消失）后2～4周进行，东北华北春玉米区籽粒水分含量降至25%以下时收获；黄淮海夏玉米区一年两熟、玉米生长季节短，籽粒水分降至28%以下时即可收获。籽粒机械化收获作业要求田间落粒与落穗合计总损失率不超过5%，籽粒破碎率不高于5%，杂质率不高于3%。收获玉米籽粒及时烘干，以防霉变。

4. 机具选择与调整

东华北一年一熟区应选取集成小倾角大直径对刀式高效低损摘穗机构、配置锥形双螺旋单元式小纹杆脱粒元件的单纵轴流籽粒高效低破碎脱粒分离技术、双层异向振动筛高效清选技术及静液压底盘驱动技术于一体的专业化程度较高的大中型玉米籽粒联合收获机，以保障作业效率和作业质量。黄淮海一年两熟区应逐步选择中型纵轴流式收获机来取代切流式，以保障籽粒收获作业质量。西南及南方丘陵区域应选择配置履带式行走装置的小型纵轴流型联合收获机，保证机具适应性和作业稳定性，如采用水稻收获机换装玉米割台实现籽粒收获作业，应对作业参数进行适应调整。

根据种植行距及作业质量要求选择合适的收获割台。割台行距应与玉米种植行距一致，最大偏差应在5厘米内，且播种行数应为收获机行数的整数倍，以避免不对行收获造成落穗损失加大；带割台间隙可调或具备自适应调节机构的割台，对品种、栽培技术的适应性更强，应考虑优先选用。

收获作业过程中，应选择适宜的作业参数，尤其是脱粒机构和清选机构的工作参数（如脱粒滚筒转速、凹板间隙等），要根据自然条件、作物成熟度、作业环境等具体条件及时进行调整，使收获机保持良好的工作状态，降低籽粒破碎和机收损失，提高作业效率，保障作业质量，必要时可对凹板等结构形式进行更换，改栅格凹板为圆钢凹板，降低籽粒破碎率。正式收获前应进行试收获，根据情况调整转速等参数，达到收获质量要求后再正式作业。

（二）示范推广

1. 建立试验示范点

在河南省选择当地政府重视、农机化基础较好、技术推广能力较强的地区建立3个示范区，依托合作社等新型经营主体完成示范面积1 350亩。

2. 开展对比试验

在试验示范点选择纵轴流、切流或横轴流形式的收获机和适宜粒收玉米品种进行试验示范。优选出适宜河南省及同类地区玉米籽粒低破碎机械化收获的机型和玉米品种，总结出适合河南省及同类地区推广的玉米籽粒低破碎机械化收获技术解决方案及推广运行机制。

3. 组织技术培训和示范活动

2018年8月2～3日，河南省农机推广站在郑州市组织举办了河南省2018年玉米籽粒收获机械化技术培训班，邀请农机、农艺专家对农机推广人员、农机合作社理事长100余人进行了玉米籽粒直收技术及配套装备培训。

2018年9月18日，农业农村部农机推广总站在漯河市举办了玉米籽粒低破碎机械化收获技术集成示范活动，来自全国10个省及河南省部分市县的农机技术人员、种植大户近300人参加。活动组织了9个不同型号的玉米籽粒收获机进行现场演示，并组织有关技术人员对收获破碎率、含杂率等指标进行现场检测。活动还邀请了中国农科院作科所、中国农业大学工学院专家教授分别就玉米籽粒直收低破碎技术原理、品种筛选、国内外现状及发展趋势等进行了讲座，各省农机部门的技术人员进行了技术推广情况交流。

2018年9月28日和9月30日，河南省农机推广站在南阳市唐河县、濮阳市濮阳县示范区成功举办了2场玉米籽粒低破碎机械化收获技术集成示范活动，南阳市和濮阳市所辖各县（区）农机管理、推广部门人员、农机专业合作社理事长、农业种植大户、周边群众近200人参加了活动，三种纵轴流和五种横轴流型的玉米籽粒收获机进行了作业演示，演示效果得到与会人员的一致认可，进一步扩大了技术的影响力，为促进周边地区玉米籽粒直收机械化发展起到了引领示范作用。

4. 开展展示宣传

2018年10月26～28日在中国国际农业机械展览会上，由农机农业农村部农机推广总站设置的"重大引领性农机化技术"专题展上，以文字展板和机具实物等形式，对该技术及配套机具进行宣传展示，不仅展示了玉米收获机整机，还专门制作了脱粒滚筒在现场展示，使更多领导、技术人员、用户进一步了解玉米籽粒低破碎机械化收获技术及适用机型，扩大影响，为大面积推广应用奠定基础。期间现场参观展位的专业观众超过1万人。

（三）取得成效

1. 制订玉米籽粒机械化收获技术规程

总结形成了《河南省夏玉米籽粒机械化收获及栽培技术规程》，经各有关方面专家论证，认为该规程符合河南省夏玉米种植区特点和要求，对同类地区的生产实际具有很好的指导作用，为玉米生产规模化、籽粒收获标准化、手段机械化提供了技术支撑。

2018年玉米籽粒低破碎机械化收获技术

2.建立农机农艺融合运行机制

项目组建由农机、育种、栽培、土肥、植保、气象等多个部门专家参与的技术指导组，共同制订实施方案、技术方案，并在项目实施过程中共同指导开展品种选用、播种、田间管理、籽粒机收作业、产量测定等，保证技术不走样，提高技术到位率。

3.发挥明显示范带动作用

通过项目实施，辐射带动示范区周边实施6.09万亩。同时，多场多地技术培训和观摩，特别是农业农村部农机推广总站在漯河举办的集成示范及现场测试活动，对于新技术、新模式在推动农机化转型升级、助力农业绿色发展，加快推动玉米籽粒机械化收获技术大范围推广等方面起到了积极的作用。很多玉米主产区技术人员和农户从报道中了解信息后，特地上门请教有关技术和机具情况，扩大了技术推广应用效果。

（农业农村部农业机械化技术开发推广总站　张园）

水稻机插秧同步侧深施肥技术集成示范

（一）技术概述

水稻机插秧同步侧深施肥技术是在水稻机插秧作业时，通过侧深施肥装置将肥料按照农艺要求精确定量的施用在苗侧靠近根部泥浆中，并由浮船刮板覆土，实现秧苗根系对肥力的精准吸收，避免肥料随水流漂移，具有显著的提高肥料利用率、促进水稻生长、缩短秧苗返青时间，降低成本等优势。技术要点主要有：

1.培育秧苗

按旱育秧田规范化和早育壮苗模式化的要求严格操作，培育出具有旱生根系、植高标准、叶片不披、充实度高、苗质均一的标准壮苗。

2.土壤耕作

稻田基本耕作以松旋耕、松耙耕及轮耕为好。水整地要求耕深适宜，土壤松软适度，以手画沟后自然合拢为宜。

3.肥料选用

颗粒形状为球形，直径在2～4毫米，大小均一；硬、细粒、粉末较少，不易吸湿，无结块。

4.机械插秧

（1）施肥量调节

施肥量根据用户需求并按照机具说明书进行调节，调节时应考虑到肥料性状及田块打滑对施肥量的影响，调节完毕应应进行试排肥确认实际施肥量。

试排肥采用场地测试，在不装秧苗的情况下使插秧机进行原地空取秧100次，使用容器接取并称量各行排出的肥料质量，根据插秧行株距和打滑率计算实际施肥量。

（2）插秧作业

因地力和水稻品种熟期合理确定插秧时期。一般地块应比常规施肥栽培密度减少10%，低产或稻草还田、排水不良、冷水灌溉等地块栽培密度与常规施肥一致。

测深施肥机排肥机构采用圆盘排肥滚筒或排肥槽轮，其传动机构与插植部连接，可以实现肥料使用量的精确控制；颗粒肥进入排肥管后通过风机进行强制排肥，在重力和风力的双重作用下，定量落入由开沟器开出的位于已插秧苗侧边的具有一定深度的沟槽内，经浮船刮板覆盖肥料于泥浆中，此时插秧机亦同步插秧，完成施肥和机插秧。

5. 水肥管理

水稻侧深施肥模式与传统施肥模式相比，初期的生长发育较为旺盛，但由于肥料吸收较快，必须仔细观察叶色，及时追肥。

插秧后保持水层促进返青，水稻分蘖期灌水3～5厘米，水稻生育中期根据分蘖、长势及时晒田，晒田后采用浅、湿为主的间歇灌溉法。蜡熟末期停灌，黄熟初期排干。

（二）示范推广

1. 建立试验示范点

在黑龙江省、湖南省选择当地政府重视、农机化基础较好、技术推广能力较强的地区建立示范区，依托合作社等新型经营主体完成示范面积约6 600亩，其中，在黑龙江省桦南县、方正县、绥滨县、建三江建立了4个示范区，示范面积1 600亩，在湖南省常德市、赫山区、涟源市、汨罗市、衡东县建立了5个示范区，示范面积5 000亩。

2. 完成对比验证工作

在北方单季稻和南方双季稻主要种植区域建立试验示范点，开展了水稻机插秧同步侧深施肥和传统施肥方式对比试验、侧深施肥不同减肥量对比试验、侧深施肥技术对不同肥料适应性对比试验、不同类型侧深施肥机作业质量对比试验等多项对比试验，实地考核作业成本、生产效率、作业质量等指标，进一步明确该技术与机具种类、肥料特点、施肥量之间的匹配性，探索总结出适宜不同地区的最佳技术模式。从综合效益数据分析来看，北方单季稻区减肥20%综合效益最佳；南方双季稻区，减肥20%～30%，效益最高，且仍有上浮空间，减肥比例应控制在20%～35%。

3. 组织技术培训和示范观摩

（1）开展技术示范现场观摩交流活动

先后于2018年5月上旬和7月上旬在黑龙江建三江农场和湖南省益阳市赫山区分别开展水稻机插秧同步侧深施肥技术示范现场观摩交流活动，组织水稻主产省份有关农机管理、推广部门、科研院校等领导和专家、插秧机生产企业代表、合作社等600余人参加活动，现场观摩应用效果，研讨交流主要做法和成效经验，促进推广应用。

（2）设置专题展宣传展示该技术

2018年10月26～28日中国国际农业机械展览会上，农机推广总站设置"重大引领性农机化技术"专题展，以文字展板和机具实物等形式，对该技术进行宣传展示，扩大技术影响，期间现场参观展位的专业观众超过1万人。

（三）取得成效

1. 应用面积快速增加

水稻机插秧同步侧深施肥技术既节本增效，又绿色环保，政府和农民都能看到实效，都愿意推广应用。前几年没有大面积应用，主要是因为很多新型经营主体和农户对技术了解不深入，对技术掌握程度低。2018年两个省的示范面积都超过1 000亩，特别是集中示范观摩活动让周边管理人员、合作社技术人员和农户实实在在看到了实效，学到了技术，越来越多的人开始尝试和应用。如湖南省从2017年15万亩增长到125万亩，黑龙江省2018年水稻侧深施肥机和装置增加近万台，面积增加200多万亩。

2. 关键环节作业要求更加明确

水稻机插秧同步侧深施肥技术是一项综合技术，与田块的平整度、沉淀好坏、含杂情况密切相关。为提升侧深施肥技术作业质量和效率，通过试验示范总结形成了田块、肥料等配套集成技术。一是耕整地配套技术，秸秆要均匀，不能积堆，耕整地要深浅一致，搅浆后要沉淀5～7天。二是肥料选择配套技术，肥料要比重一致，颗粒均匀，表面光滑，硬度适中，直径在2～4毫米，要使用适合当地的控缓释水稻专用肥。

3. 形成水稻机插秧同步侧深施肥技术模式

通过试验示范和技术集成，以减人工、减化肥、增产量为目标，基于农机农艺相向融合的理念，形成常规复合肥侧深施肥技术模式，实现农机化技术、土肥技术、种植技术的相互融合，为大面积推广应用提供支撑。常规复合肥侧深施肥技术模式将传统水稻种植基肥、分蘖肥分施的方式转变为由侧深施肥装置一次性施用基肥和分蘖肥，穗肥施用方式和比例不变，即传统种植基肥、分蘖肥、穗肥按照4∶2∶4的比例转变为基蘖肥、穗肥按照6∶4比例施用，减肥比例在20%左右。该模式插秧一次性完成基蘖肥施用，少施一次肥，减少人工施肥作业成本，提高施肥作业效率，可最大化体现水稻插秧施肥一体机的效率。

4. 建立协同推广机制

通过示范推广，推广机构、生产企业、科研院所、新型经营主体联合开展集成熟化、技术培训、展示演示等工作，形成"产学研推用"互联互通、优势互补、合作共赢的协同推广模式，扩展农机化技术推广服务的有效路径，实现农资生产与现代农业生产的有效对接和有机结合，构建农机化技术推广协同服务新机制。生产企业改进产品，增加销售数量，提升了知名度；科研院所为其提供技术支撑，推进技术熟化，加快落地应用，同时也完善了科研成果，促进转化应用；新型经营主体和农户应用水稻机插秧同步侧深施肥技术，在减少化肥施用量的情况下，增加水稻产量，实现节本增效，提高收益。

水稻机插秧同步侧深施肥技术现场观摩活动

（农业农村部农业机械化技术开发推广总站　张园）

油菜毯状苗机械化高效移栽技术集成示范

（一）技术要点

油菜毯状苗机械化移栽技术是采用化控技术培育高密度油菜毯状苗、利用改进后的乘坐式水稻高速插秧机进行大田移栽，一次完成开窄沟、取苗、栽插、覆土、镇压等作业，通过增加移栽密度，增加基肥比例、早施苗肥、冬前化控等措施促进机栽油菜早发，并形成壮苗越冬，具有作业效率高、土壤适应性强、节本增效显著、技术通用性好等突出优势。其关键技术包括油菜毯状苗培育、机械化整地、机械化移栽。

1. 油菜毯状苗培育

育苗流程如下：

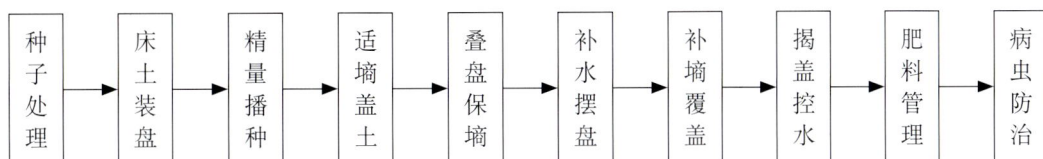

种子处理 → 床土装盘 → 精量播种 → 适墒盖土 → 叠盘保墒 → 补水摆盘 → 补墒覆盖 → 揭盖控水 → 肥料管理 → 病虫防治

毯苗指标：育苗密度730～850株/盘；移栽苗龄4.5～6叶、苗高8～12厘米；盘根好，苗龄叶色浓绿、无病虫害。

2. 标准化整地

先深耕灭茬，然后平田、开沟；开沟畦面1.8～2.0米、沟深15～20厘米，沟口宽25～35厘米、沟底宽口15～25厘米。

3. 机械化移栽

在选择苗龄4.5～6.0叶、苗高8～12厘米的矮壮苗，秧龄30～45天，苗根系发达能盘根成毯，双手托起时苗片不断裂，秧苗规格形态一致时，采用6行油菜毯状苗移栽机进行移栽作业，栽植深度15～30毫米，株距130～180毫米（可调），每穴1～3株，每亩移栽密度8 000～12 000穴。

（二）示范推广

1. 建立试验示范点

在江苏、安徽两省选择当地政府重视、农机化基础较好、技术推广能力较强的地区建立示范区，依托合作社等新型经营主体完成示范面积约1 000亩，其中江苏省在南京浦口区、常州溧阳市建立2个示范区、示范面积160亩；安徽省在无为县、含山县、当涂县建立3个示范区、示范面积840亩。

2. 开展油菜毯状苗移栽机试验

试验主要包括三项内容：油菜移栽机作业质量试验，油菜机械化移栽与机直播效益对比，不同播期油菜机直播和机栽产量对比，验证油菜毯状苗机械化移栽技术的先进性、适应性；于10月召开项目中期总结交流会；2019年5月进行测产，形成试验示范工作总结。

3. 组织技术培训和示范观摩

2018年9月5日，在江苏省镇江市组织开展了油菜毯状苗育苗技术学习演练活动，来自河南、湖北、湖南、四川、江苏5省的各级农机推广人员、农机合作组织负责人、油菜种植大户共60余人参加学习活动，农业农村部南京农机化研究所吴崇友研究员、扬州大学农学院冷锁虎教授，分别就油菜毯苗机械化移栽技术和育苗技术进行了理论指导，确保学员掌握技术要领、实现自主育苗。

10月16日，在安徽省当涂县组织开展了油菜毯状苗高效移栽机械化技术集成示范活动，全国冬油菜主要产区及安徽省相关市县的农机技术人员200多人参加。现场重点演示了以旋耕整地、犁翻加旋耕为主推技术的机械化作业模式和稻茬田耕整地机械化技术，以及不同耕整地模式下油菜毯状苗机械化高效移栽技术，同时示范了机械化育苗流水线技术。

为进一步示范宣传该项技术，江苏省和安徽省有关市县先后组织召开油菜毯状苗机械化移栽现场会3次、培训班6期，参加活动人数约900人次、印发宣传资料1 500册（张）；利用网站、电视台等宣传媒体，宣传、介绍油菜毯状苗机械高效移栽技术。当地油菜种植大户、基层推广站的农机和农艺技术人员通过观看机具现场作业、倾听技术要点的介绍，进一步了解和掌握了油菜毯状苗机械化移栽技术，有效提高了技术认知度和普及率。

4. 开展展示宣传

2018年10月26日至28日在中国国际农业机械展览会上，由农机农业农村部农机推广总站设置的"重大引领性农机化技术"专题展，以文字展板和机具实物等形式，对该技术及配套机具进行宣传展示，并提前培育了油菜毯状苗，在现场进行了油菜毯状苗移栽场地演示，使更多领导、技术人员、用户进一步了解油菜毯状苗机械化技术和配套机具，扩大影响，为大面积推广应用奠定基础。期间现场参观展位的专业观众超过1万人。

（三）取得成效

1. 试验示范规模逐步扩大

前几年油菜毯状苗试验规模都比较小，一般每个点仅几亩地，主要是因为种植户对技术的认识不够、对技术的掌握不到位。经过这几年的试验示范和培训宣传，几个一直坚持试验的项目点对这项技术越来越有信心，技术掌握越来越熟练，应用规模也越来越大；持观望态度种植户也开始接受这项技术，并愿意尝试；越来越多油菜种植大户开始关注这项技术。2018年两个省的核心示范点规模都在50亩以上。

2. 建立关键环节作业技术规范

根据试验过程中出现的问题、有关措施的实践和总结，初步形成了油菜毯状苗育苗、整地、移栽三个关键环节的作业要求和技术要点，为下一步该技术扩大示范推广奠定了良好的基础。一是在育苗环节，形成了油菜毯状苗育苗技术规范，通过探索实践，可通过化控技术将苗龄控制在25～60天这样一个较长的范围，以应对气候、土壤墒情、茬口等多个因素的影响。二是在耕整地环节，对前茬稻秸秆处理、整地作业提出明确要求，对不同墒情（过干/过湿）条件提出明确解决方案。三是在移栽环节，明确了机具调试方法和要求，以及作业参数的选择，并在试验的基础上对油菜毯状苗移栽机作出评价、提出改进建议。

3. 大幅提高油菜移栽作业效率

目前与毯状苗育苗配套的设备有简易播种装置（可与水稻育秧流水线配套使用）、专用油菜育苗播种流水线，可以满足不同用户需求。试验表明现在采用的播种密度能满足油菜移栽要求，油菜毯状苗移栽成本、产量均高于机械直播。油菜毯状苗育苗成本主要由生产资料成本（基质、种子、硬盘、播种器、烯效唑、薄膜纸、刮板和无纺布等）、育苗人工成本（基质浇水、人工播种）和苗期管理成本（运苗摆盘、苗期浇水等）构成，三项合计约150～180元/亩。机栽前耕整地和移栽作业油耗、机具折旧、人工费等约120元/亩，故机械化移栽成本合计270～300元/亩。油菜机直播成本主要由种子费、机播作业费（油耗、机具折旧费）、人工间苗费组成，合计约85元/亩。两者后期植保、施肥、收获等环节费用基本相当，故机械化移栽比机械化直播在全生产环节多出成本约200元/亩。多点测产表明，相同播期条件下，油菜毯苗机械化移栽产量多数会高于机直播，可以部分弥补成本高的劣势。油菜机栽后的管理水平对产量有非常重要的影响，加强生产管理、提高产量，效益还有提升的空间。油菜毯状苗机械化移栽技术农机农艺融合度好，可以大幅度提高油菜移栽作业效率，有效解决了稻茬油菜移栽的技术难题、解决了稻油轮作的茬口问题，经过技术熟化后在长江流域油菜产区具有广泛的推广应用价值。

油菜毯状苗机械化高效移栽技术示范

（农业农村部农业机械化技术开发推广总站　张园）

奶牛精准饲养提质增效技术集成示范

（一）技术概述

我国是世界上重要的农业大国和牛奶生产大国。进入21世纪以来，我国不断对奶牛养殖结构调整和优化，由数量增加型向质量增长型转变，奶牛养殖逐步向规模化和标准化方向发展。随着我国奶牛养殖规模化和标准化的推进，我国奶牛养殖水平逐步得到提高。但目前仍有制约国内奶业发展一些问题存在，如奶牛生产成本高、竞争力不强、优质牧草不足、资源约束趋紧，产业组织化程度不高、饲养方式相对落后、单产较低、生产效益不高。在坚持问题导向的基础上，组装集成奶牛精准饲养提质增效技术。

1. 奶牛精准饲养技术

具体为建立饲料数据库、测料（奶）配方技术、TMR质量控制与综合评价技术、健康监控和精准诊断技术，提高非粮饲料利用率，降低千克奶饲料成本。

2. 乳肉兼用牛高效养殖技术

具体为奶牛群肉用开发技术、中低产牛群杂交关键技术、高档牛肉生产开发技术，有效推动了牧场饲养精准节本。

（二）示范推广

2018年，在农业农村部科技教育司领导下，全国畜牧总站联合中国农业大学李胜利教授团队、新疆维吾尔自治区畜牧总站、内蒙古自治区畜牧工作站等单位，在内蒙古自治区和新疆维吾尔自治区示范推广奶牛精准饲养提质增效技术。

1.遴选确定示范单位，制订实施方案

按照农业农村部科技教育司要求，经过现场实地考察调研，将新疆呼图壁种牛场和内蒙古赛科星牧业有限公司作为奶牛精准饲养提质增效技术项目的示范基地。同时，组建了由全国畜牧总站、中国农业大学、新疆维吾尔自治区畜牧总站、内蒙古自治区畜牧工作站等单位技术人员组成的专家组，组织编制《奶牛精准饲养提质增效技术实施方案》。

2.开展技术交流，研究实施内容

2018年6月，组织中国农业大学、新疆维吾尔自治区畜牧总站和呼图壁种牛场负责人赴内蒙古赛科星牧业有限公司进行了技术交流，参观赛科星牧业有限公司托县牧场和种公牛站，研究项目实施内容。2018年7月，组织项目负责人赴甘肃省参加10项重大引领性农业技术的发布交流活动，现场参观农用地膜降解技术的观摩展示。2018年11月，组织项目实施单位人员赴广东省佛山市现场观摩受控式集装箱循环水绿色生态养殖技术的示范推广，交流10项重大引领性农业技术示范做法和经验。

3.突出技术集成，提升养殖水平

（1）制订奶牛精准饲养关键技术规程和指南

与中国农业大学、新疆农业大学、新疆畜牧总站共同制订了奶牛精准饲养关键技术规程和指南1套，用于指导牛场实际生产。参与农业行业标准《乳肉兼用牛饲养管理规范》的制订工作，现已完成征求意见稿。

（2）集成精准饲养提质增效技术

优化饲料配方。合理利用棉籽、甜菜粕、菜籽饼、番茄籽粕等新疆当地饲料资源，降低豆粕使用量，从而降低饲料成本。粗饲料质量控制。利用近红外检测设备在苜蓿、青贮收割前进行快速检测，确定最佳收获期，保证粗饲料质量。奶牛卧床管理。将奶牛卧床垫料由沙子改为橡胶卧床加发酵干牛粪，既提高了奶牛舒适度，又有利于牛粪再利用。建立饲料数据库。利用湿化学法和近红外法评价饲料和日粮，特别是优质粗饲料和TMR的营养价值，建立企业饲料数据库，准确调整奶牛群体日粮。

（3）举办大型现场观摩活动，扩大示范引领效应

2018年8月，全国畜牧总站在新疆呼图壁组织开展奶牛精准饲养提质增效集成技术的示范观摩活动，联合国家奶牛产业技术推广体系举行奶牛养殖关键技术培训，来自10个奶业主产省的技术负责人、新疆各地州的畜牧技术推广单位及有关专家近100人参加活动。发挥示范引领作用，以点带面推动奶牛精准饲养技术的推广，与新疆维吾尔自治区畜牧总站、中国农业大学、新疆农业大学紧密合作，培训畜牧站长和牧场管理技术人员320人次，发放专业技术资料500份。

（三）取得成效

我国是奶业大国，不是奶业强国。奶牛是我国畜牧养殖中科技含量较高的畜种之一，2017年奶牛标准化养殖比重达58%，奶牛平均单产达6.8吨。通过项目实施，进一步在奶牛养殖方面实现了精准聚焦管理，有力提升养殖水平，促进奶牛养殖高质量发展。

1.持续提升养殖场饲养水平

建立项目示范基地，新购近红外饲料营养成分快速检测仪，利用湿化学法和近红外法评价饲料和日粮，特别是优质粗饲料和TMR的营养价值，建立企业饲料数据库。采取宾州筛分析、粪便筛分析、乳成分检测分析等技术，及时准确调整日粮配方，改善饲养管理水平，降低饲养成本，提升养殖科技水平。新疆呼图壁种牛场与中国农业大学、新疆农业大学、新疆畜牧总站共同制订奶牛精准饲养关键技术规程和指南1套，成母牛年单产完成6 900千克，核心群年单产7 052千克以上，乳脂率4.2%，乳蛋白率3.4%，生产优质原料奶3 800吨，实现产值1 710万，牧场泌乳牛饲养成本每头从原来的75元降低到68元。内蒙古赛科星牧业有限公司与全国畜牧总站、中国农业大学、内蒙古农业大学、内蒙古自治区畜牧工作站共同制订了奶牛精准饲养关键技术规程和SOP文件1套，用于指导牛场实际生产，奶成本由2017年的1.75元/千克下降到1.74元/千克，每头成年母牛产奶量由34.32千克/天提高到35千克/天。

2. 有力带动周边农户增产增收

2018年，新疆呼图壁种牛场收储农户玉米青贮1.2万吨，苜蓿干草2 100吨，内蒙古赛科星牧业有限公司收储农户玉米青贮3万吨，有力推动周边农户种植青贮玉米，推广全株青贮玉米技术，带动当地农牧民增产增收，平均每户增收1 100元。通过进行技术示范与交流活动，新疆地区牧场和农户对西门塔尔牛饲养热情高涨，新生西门塔尔公犊牛售价5 000元/头，青年母牛售价1.8万元/头。

3. 有效落实奶牛饲养精准理念

内蒙古自治区和新疆维吾尔自治区是我国奶牛养殖大省，推广精准饲养关键技术意义重大。新疆呼图壁种牛场参与农业行业标准《乳肉兼用牛饲养管理规范》（征求意见稿）制订，积极推动乳肉兼用牛精准饲养技术的规范化推广。通过开展现场观摩活动和技术培训，理论和实践相结合，切实加强对基层畜牧技术推广人员、规模化养殖场技术人员及家庭养殖户等新型经营主体进行奶牛精准饲养提质增效技术指导，实现技术成果产业化应用。充分利用新闻、网络媒体广泛宣传，在农民日报、中国畜牧兽医报、中国畜牧业等相关杂志媒体进行宣传报道奶牛精准饲养提质增效技术，进一步扩大宣传面，提升示范效果。

（全国畜牧总站　陆健）

异位发酵床处理猪场粪污技术集成示范

（一）技术概述

随着规模化养殖的迅速发展，大量的养殖废弃物日益成为农村环境治理的难题，而生猪养殖产生的粪污约占畜禽粪污总量的47%，已经成为造成农业面源污染的重要原因之一。习近平总书记在2016年中央财经领导小组第14次会议上特别强调，加快推进畜禽养殖废弃物处理和资源化，关系6亿多农村居民生产生活环境，关系农村能源革命，关系能不能不断改善土壤地力、治理好农业面源污染，是一件利国利民利长远的大好事。异位发酵床处理猪场粪污技术是一项集粪污减量化、无害化和资源化利用为一体的综合技术。采用异位发酵床综合技术处理粪污的养猪场，无需设置排污口，不仅可一次性处理固液态粪污，实现粪污零排放，而且粪污经发酵处理后可转化为固态有机肥原料，还可利用木屑、谷壳、农作物秸秆和食用菌下脚料等大量农林业废弃物作为发酵基质，实现变废为宝。同时，该工艺与传统畜禽养殖粪污技术和原位微生物发酵床处理技术比较，具有投资低、技术和设备集成度与自动化水平较高，运行灵活方便，运营管理费用低、占地面积小、资源化利用率高等优点。

1. 集成粪污源头减量技术措施

优化饲料配方，加工生产低蛋白、低铜锌的环保型饲料日粮，有效减少氮、磷、铜、锌等的排放量。强化完善粪污源头减量设施设备，猪舍栏面铺设全漏缝地板，彻底改变清粪方式，严禁水冲清粪，做到雨污彻底分流，安装节水式饮水器，改变消毒方式。

2. 低成本垫料替代技术

开展食用菌下脚料替代部分木屑、谷壳的试验，筛选最佳组合。

3. 异位发酵床集成智能化监测与监控技术

应用了现代通信网关等物联网技术，在喷淋池、喷淋机、异位发酵舍和发酵槽内安装感应器、流量计等设备，在云端平台上的集成仪表系统和视频监控系统，实现了手机对粪污浓度和发酵床温湿度的实时监控，并对喷淋量进行远程操作，建立粪污处理与利用台账。

4. 曝气技术

布设曝气管网开展通气量梯度试验，增加发酵槽堆体内部的氧气量，提高发酵效率，粪污处理量由原来的25千克/立方米提高到30千克/立方米。

5. 集成重金属富集控制技术

在木屑、谷壳各占50%的垫料前提下，对运行3、6、12和18个月的垫料进行采样检测分析，显示发酵床垫料在连续使用18个月后，有机质质量分数、总养分质量分数、酸碱度、砷、汞、镉、铅、铬、蛔虫卵、粪大肠菌群数等均符合NY525—2012《有机肥料》控制指标要求。

（二）示范推广

2018年，在农业农村部科技教育司指导下，全国畜牧总站联合福建省畜牧总站、山东省畜牧总站，在福建省和山东省两个省示范推广异位发酵床处理猪场粪污技术。

1. 遴选确定示范单位，组成项目专家组

按照农业农村部科技教育司要求，通过现场调研，确定了福建省农科农业发展有限公司和烟台福祖畜牧养殖有限公司第一分公司两家企业作为异位发酵床处理猪场粪污技术的集成示范单位。同时，组建了由全国畜牧总站、福建省畜牧总站和山东省畜牧总站等单位技术示范专家组，组织编制《异位发酵床处理猪场粪污技术实施方案》。

2. 举办大型现场观摩活动，确保示范效应

在山东省莱阳市举办异位发酵床处理猪场粪污技术集成示范大型现场观摩活动，现场参观烟台福祖畜牧养殖有限公司第一分公司示范点的生猪养殖、第二异位发酵床处理中心、生态农业产业园、农法自然（烟台）元真梨种植基地等，来自农业农村部、全国畜牧总站、全国12个生猪养殖大省的畜牧技术推广机构负责人和技术人员、有关专家及项目示范单位负责人等100余人参加活动。福建农科农业发展有限公司共组织现场观摩活动5场次，来自福建省内外畜牧技术推广部门、基层技术人员、养猪场户共计800多人次参加现场观摩。

3. 创作科普专题片，展示科研成果

录制《异位微生物发酵床粪污处理系统》和《异位发酵床处理猪场粪污技术》2个专题片，在福建省科技干部培训中心网络教学培训平台和福建电视台公共频道，不定期滚动播放，据不完全统计，受训基层科技人员和养猪场户达2万多人次。

4. 借助宣传平台，扩大受众面积

充分利用畜牧技术推广机构搭建的培训平台，广泛宣传异位发酵床处理猪场粪污技术。组织技术人员150多人次，参与技术交流（培训）活动36期，发放异位发酵床技术资料（明白纸）等17 000多份。

5.借助杂志媒体，强化宣传效果

在农民日报、中国畜牧兽医报、中国畜牧业等相关杂志媒体进行宣传报道异位发酵床处理技术，进一步扩大宣传面，提升示范效果。

（三）取得成效

项目实施完善生猪养殖链条建设，有效解决粪污处理难题，建立异位发酵床处理猪场粪污技术操作规程，打造"养殖-有机肥-农业"的全链条模式，促进养殖业健康可持续发展。

1.源头减量效果显著

通过铺设全漏缝地板、安装节水式饮水器、采用高压冲洗消毒和实行饮污分流等技术措施后，猪场粪污（粪便＋尿液＋水）产生量得到大幅降低，每头存栏猪日产粪污量从原来的15千克（在干清粪、低压冲洗条件下）降低到8千克以内，减少污水量达47%。

2.技术集成相得益彰

通过运用源头减量、食用菌下脚料、铺设增氧管网和远程操控等集成技术后，粪污中固形物浓度由原来的2.67%提高到5%以上；垫料成本由原来的700元/吨降低到525元/吨，降低25%；每立方米垫料日处理粪污量从原来的25千克提高到30千克，处理效率提高20%；同时，减少1名异位发酵床现场专职操控人员。异位发酵床处理猪场粪污技术，进一步提高粪污处理效率，降低了运行和处理成本，而且使异位发酵床处理猪场粪污技术智能化、"傻瓜化"，避免了"死床""烂床"的发生，成为农民易掌握、易操作的实用技术。

3.示范推广成绩斐然

举办现场观摩活动10场次，拍摄制作专题宣传片2个，组装集成异位发酵床技术1套、编印2套异位发酵床自动化高效运行管理操作技术规程、建立示范猪场10个，并在农民日报、福建省广播电台等新闻媒体上宣传报道，有效丰富宣传渠道，促进农民增施有机肥，改良土壤培肥地力，提高农作物品质，实现种养结合、农牧循环。据调查统计，目前异位发酵床处理猪场粪污技术已在福建省推广应用1 650多家猪场，占2017年福建省生猪规模养殖场总数的30%；应用猪场生猪存栏183万头，占福建省总存栏的19%；新建异位发酵床48.8万平方米，年处理猪场粪污能力达到640多万吨。

（全国畜牧总站　陆健）

集装箱绿色高效循环水养殖技术集成示范

（一）技术概述

池塘养殖是我国传统养殖方式，面积占39%，产量占近48%，但因生产管理等粗放，非法使用违禁药物等，导致效率不高、环境污染等问题，质量安全事件时有发生。集装箱绿色高效循环水养殖技术（以下称集装箱养殖）针对这些问题，创造性地采用定制的6米（25立方米水体）标准集装箱为载体，通过标准化、系统化设计，进行循环水养殖，通过箱内集中养殖、精准投喂饲料、废物收集处理、池塘耦联净水等技术模式，改传统"粗放"养殖为"精准"养殖，实现资源节约环境友好，具有节水节地、智能可控、质量安全、生态环保、集约高效等优点。根据应用范围和水处理方式不同，该技术可分为陆基推水式和"一拖二式"两种模式。

1.陆基推水式

主要是利用大面积池塘作为缓冲和水处理系统，将传统养殖池塘变为仿湿地生态池塘，是对传统池塘养殖方式的革新。

2."一拖二式"

由一个水处理箱配置两个养殖箱组合而成。智能水处理箱是该模式的核心和关键。通过控温、控水、控苗、控料、控菌、控藻"六控"技术实现绿色生态化、资源集约化、精细工业化。

（二）示范推广

2018年全国水产技术推广总站牵头组织相关单位示范推广集装箱养殖新模式。按照高起点规划、高标准实施、高效率推进的总体思路组织项目实施工作。

1.加强组织领导制订实施方案

成立了项目领导小组、专家组和工作组。制订了"尾水排放达标、生态环境优美、质量效益提升、现代人才培养"的任务目标。确定了19个示范省份。

2.积极争取项目和政策支持

集装箱养殖作为渔业领域唯一技术，入选2018年农业农村部十项重大引领性农业技术；获批中国科协技术标准引领项目；纳入了广东省农机补贴范围；以集装箱养殖为主要内容的池塘养殖转型升级示范项目获得农业农村部财政专项支持。

3.创新实施"集装箱+"示范行动

在广东顺德、云南元阳、安徽太合、西藏林芝、河南长垣建成5个高标准示范基地，分别开展集装箱+养殖尾水生态治理+稻渔综合种养+乡村创新创业+产业扶贫+电厂余热利用等模式示范并取得成功。

4.举办全国性培训观摩活动

在安徽合肥、河南新乡举办2期全国性培训班，在河南长垣、广东顺德举办2次大型现场观摩活动，累计1 200多人参加培训观摩。

5.建立协同创新联盟机制

发起成立了集装箱养殖产业技术创新联盟，构建政、产、学、研、推、用"六位一体"的联合推广机制，创设了"舒鲜生的鱼"等绿色品牌，推进产加销一体化产业模式。

6.做好技术评价和总结宣传

经桂建芳院士等国内权威专家评价，集装箱养殖模式为"国内外首创，达到国际先进水平"。"集装箱里的美味"宣传片在央视七套播出。在渔业博览会上展示推介集装箱养殖模式，新华网、农民日报等20多家主流媒体集中报道。

（三）取得成效

从示范推广效果看，集装箱养殖关键技术逐步成熟，10余个养殖品种养殖成功，19个省份推广养殖箱体1 300多个，集装箱养殖优势和效果明显。

1.经济效益显著

单箱养殖产量可达3 000千克，相当于3亩传统养殖池塘的产量，节省人工50%以上，节省饲料6%～7%，成活率提高8%～10%。同时品质提升，价格提高。本技术可在传统池塘养殖地区大面积推广，按20%池塘测算，可发展集装箱100万个以上，每年提供优质水产品300万吨，潜在经济效益600亿元以上。同时推动传统养殖升级，促进"农渔民"向"工人"转变，助力乡村产业振兴。

2. 生态效益显著

养殖固体废物收集率90%以上，实现养殖尾水生态处理，循环利用。在相同产量下，较传统池塘养殖节水50%以上，节地70%以上。集装箱养殖还可将传统养殖池塘解放出来，改造成环境优美的生态池、景观池、休闲池，促进乡村环境治理和水系再造，改善乡村人居环境，助力乡村生态振兴。

3. 社会效益显著

养殖用药较普通池塘减少90%以上，示范养殖水产品质量合格率100%。在促进乡村创新创业方面发挥积极作用，相关项目进入中国青年创新创业大赛全国决赛并获得亚军。在云南元阳、西藏林芝等深度贫困地区，有力带动了农民增收脱贫。集装箱养殖在生产水产品的同时，可与休闲垂钓、旅游餐饮、科普教育等有机结合，促进乡村产业融合发展，实现脱贫致富，特别是为稳定脱贫、实现全面小康目标作出积极贡献。

集装箱养殖示范项目得到地方政府、企业和农渔民的认可和欢迎，不少地方掀起集装箱养殖热潮。韩长赋部长、张桃林副部长批示给予充分肯定。于康震副部长和多位地方省级领导到示范点视察指导。

总体看，集装箱绿色高效循环水养殖技术发展快、效果好，形成了可复制、可推广的发展模式，为水产养殖转型升级和绿色发展提供了一条新出路。下一步，将不断总结经验，继续加强研究，进一步改进关键技术和设施装备，进一步加强试验示范和推广应用，力争取得更好效果，为促进渔业高质量发展和落实乡村振兴战略做出新的更大的贡献。

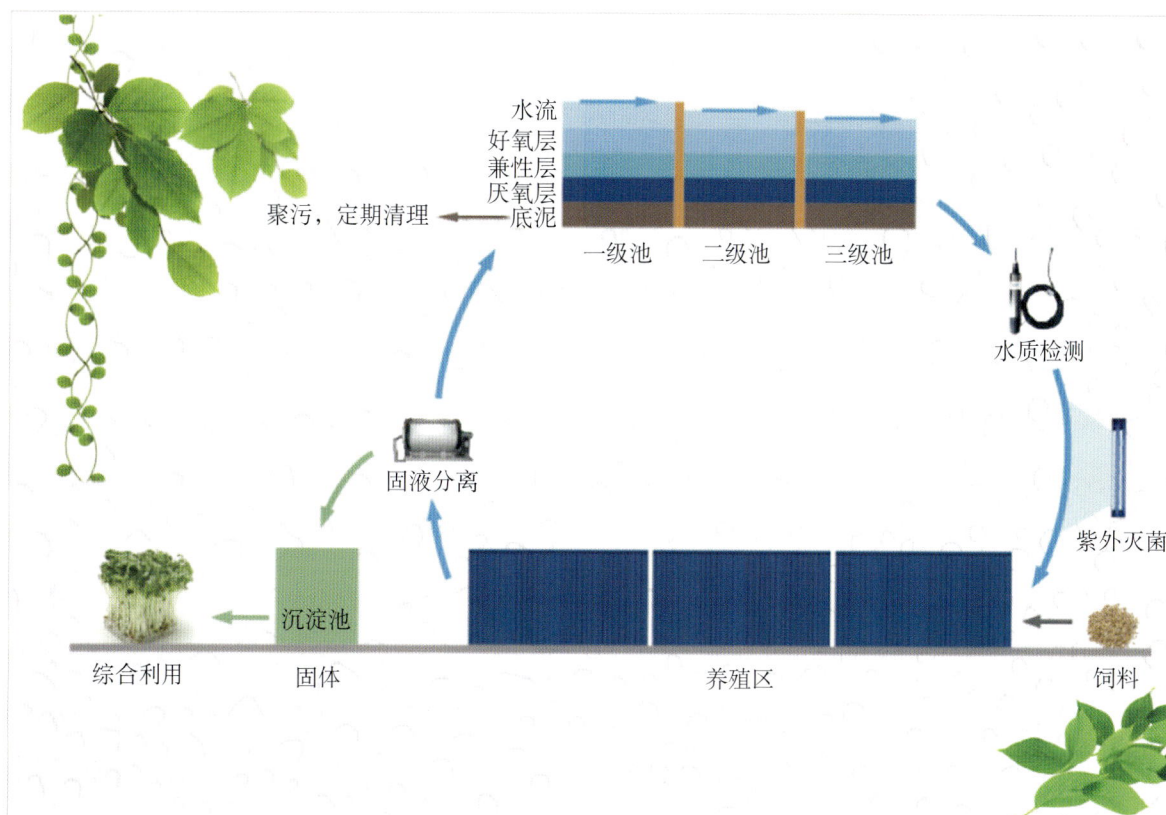

养殖水体异位处理工艺流程图

河南长垣现场观摩活动

广东顺德现场观摩活动

广东顺德基地（集装箱＋尾水生态治理）

云南元阳基地（集装箱＋稻渔综合种养）

安徽太和基地（集装箱＋乡村创新创业）

西藏林芝基地（集装箱＋产业扶贫）

河南长垣基地（集装箱＋电厂余热）

（全国水产技术推广总站 崔利锋）

南方水网区农田氮磷流失治理技术集成示范

（一）技术概述

农业面源污染是影响水环境、土壤环境和农村生态环境质量的重要因素之一，由于其涉及范围广、随机性大、隐蔽性强、难以溯源、难以监管等原因，治理的难度很大，已经成为我国现代农业和社会可持续发展的瓶颈。据全国第一次污染源普查数据，农业源排放的总氮、总磷占总排放量的57.2%和67.4%，控制农业源氮磷排放是实现水环境质量根本改善的核心。

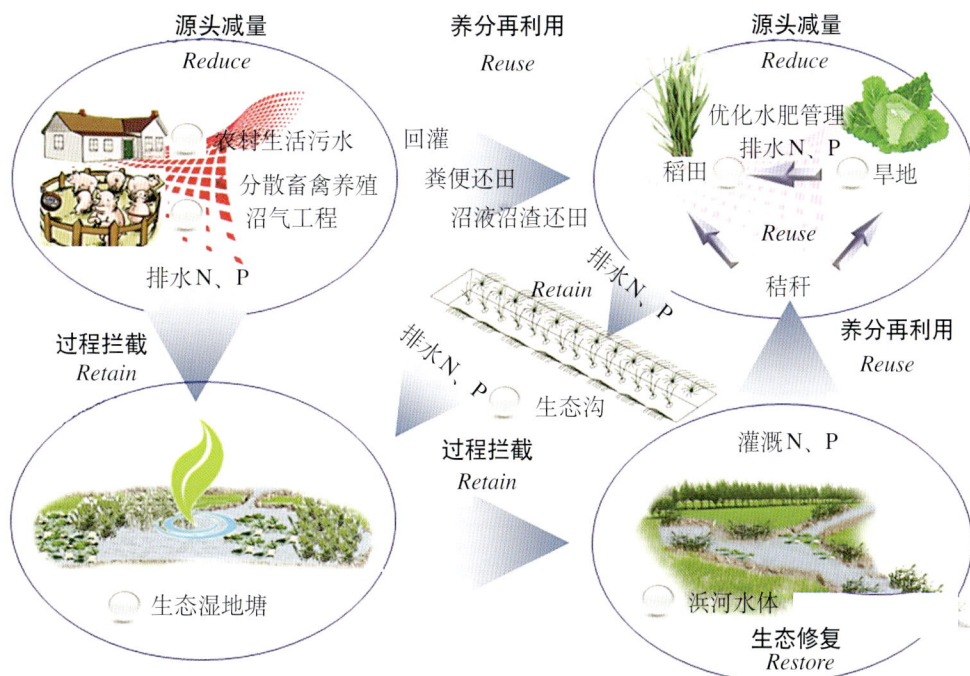

南方水网区农田氮磷流失治理集成技术路线图

然而在农业源氮磷排放中，来自农田的氮磷排放又占很大比例。2018年，在农业农村部科技教育司的大力支持和指导下，农业农村部农业生态与资源保护总站牵头在江苏太仓和湖北鄂山以稻田为例示范展示南方水网区农田氮磷流失治理集成技术。南方水网区农田氮磷流治理集成技术，即源头减量（Reduce），农田氮磷投入源头减量技术；过程拦截（Retain），农田径流排放的过程拦截技术；养分再利用（Reuse），养分循环利用技术；末端修复（Restore），末端的生态修复技术。本技术以减少农田氮磷投入为核心、拦截农田径流排放为抓手、实现排放氮磷回用为途径、水质改善和生态修复为目标。突破面源污染散乱难的瓶颈，可实现种植业面源污染的全过程防控与全空间覆盖、面源污染的近零排放及改善水体环境质量的目标。

（二）示范推广

1. 明确主体责任，加强组织领导

成立工作领导小组和技术指导组。工作领导小组由生态总站副站长高尚宾同志担任组长，各省技术示范单位负责人为成员。技术指导组组长由江苏省农科院杨林章同志担任，技术示范单位技术负责人等为成员。2个项目示范点均专门成立工作领导小组，积极统筹、组织、协调、监督各项工作。

2. 选择适宜区域，整合优势资源

为了便于技术指导，提高技术到位率，达到发挥规模示范效应，提升效益，选择的2个项目示范点条件适宜，区域连片。太仓项目区建立了村民志愿者服务队伍，充分调动广大农民群众参与农村环境保护的积极性。同时，依托乡镇现有相关站所，着力建设专业农技队伍，积极推广普及农田氮磷流失治理集成技术。依托城乡环境综合治理，着力建设农村环境保护督查队伍，切实巩固农村面源污染防治成果。鄂山项目区在示范基地内发放农事操作记录本，鼓励使用有机肥、生物肥、缓释肥、生物农药、病虫害综合防治等减肥减药技术措施，完善基地的农事操作、投入品管理等日常管理制度。

3. 加强培训指导，提高技术到位率

项目区通过集中培训、现场指导等多种形式，加强技术服务。与江苏省农业科学院、华中农业大学、农业农村部环境保护科研监测所专家团队建立技术依托关系，全程指导项目技术的实施，督促和帮助提高技术示范指导水平。

江苏太仓示范基地展示牌

（三）取得成效

1.集成示范成效显著

（1）农田氮磷投入源头减量技术

针对高度集约化稻麦农田，根据作物高产养分需求规律以及土壤供肥特征等进行测土配方施肥，在此基础上，采用新型缓控释肥替代减量、有机肥部分替代、追肥采用叶色或光谱诊断按需施肥技术等来提高肥料利用率。如**江苏太仓**共施用商品有机肥270吨，替代化肥20%以上，使用测土配方肥50吨，减少每亩氮磷用量11%以上；**湖北鄂山**示范区内农业废弃物利用率达到95%以上，有机肥替代化肥达到50%以上。

（2）农田径流排放的过程拦截技术

采用农田排水原位促沉技术与近源生态拦截沟渠技术。农田排水原位促沉技术是在农田排水口处建设促沉池，促使农田排水中泥沙等沉降并对氮磷进行吸附拦截。生态拦截沟渠技术是将原有的土质沟渠塘进行生态化改造，沟渠和沟壁种植高效吸收氮磷植物，并间隔配置小拦截坝和拦截箱等延长水力停留时间，不需额外占用耕地、资金投入少、易于推广应用。如**江苏太仓**通过高效生态沟渠的拦截后再进入河道或生态塘。本项目共建生态沟渠310米，促沉池10个，氮磷拦截效果与直排的水泥沟渠相比，减少氮磷排放15%；**湖北鄂山**将生态学原理，充分融入农田生态湿地、生态沟渠、生态多塘等水环境系统基础设施建设中，构建农田绿色生态水网系统，提高水资源综合利用效率，防治农业面源污染示范区农田外排水减少60%以上，氮磷外排减少50%以上。

（3）养分循环利用技术

采用农田污水及富营养化河水中氮磷养分的稻田回用技术、作物秸秆废弃物的炭化还田技术和菜地径流的湿地化稻田回用技术。作物秸秆利用沼气能热解成生物炭后还田，可实现农田消纳秸秆量增加4～8倍，还能有效增加土壤持肥能力。如**江苏太仓**共收集稻麦秸秆500吨以上，水生植物50吨以上，生产有机肥800吨以上；**湖北鄂山**通过秸秆/绿肥还田技术，保持土壤耕作层水分含量，增加土壤贮水力及肥力，减少水土流失，降低面源污染。

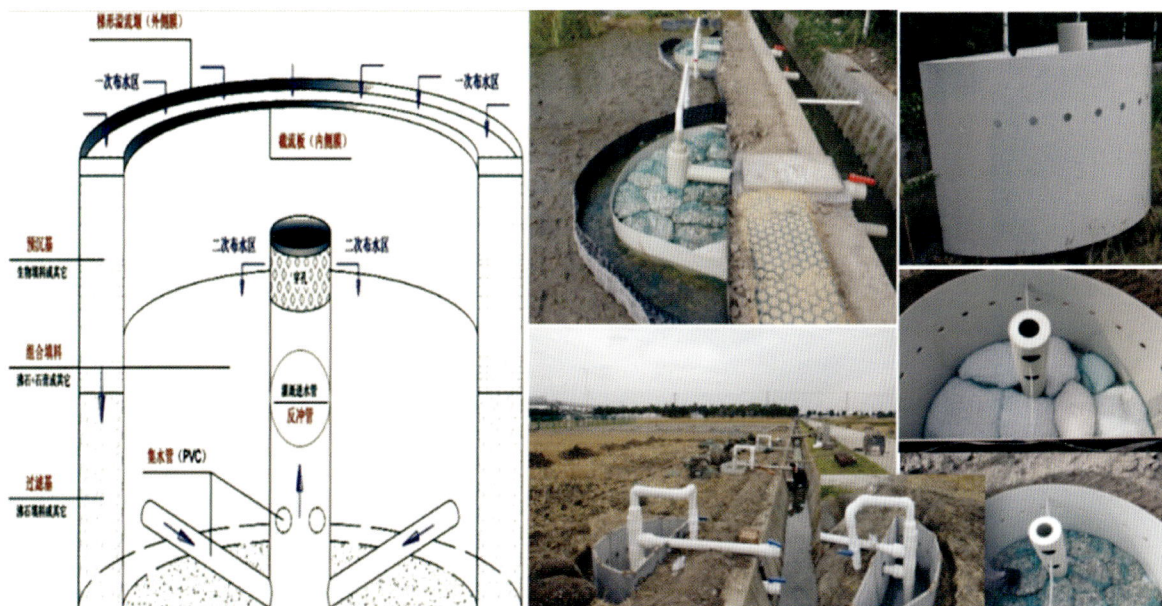

农田排水促陈拦截工程

农田排水生态拦截沟渠技术（左图生态水泥沟渠、右图生态土质沟渠）

（4）末端生态修复技术

采用生态湿地塘技术或者河道生态修复强化净化技术对水体进行生态修复，通过高效吸收氮磷植物群落的合理搭配、生态浮床/岛的组合应用、水位落差的设计以及高效脱氮除磷环境材料与微生物的应用等，形成了农田面源污染治理的最后一道屏障。同时，水生植物定期收获后进行资源化再利用，生产成有机肥回用农田。如**江苏太仓**共建设浮床1 200平方米，生态湿地20亩，河道岸边种植草坪1万平方米，岸边种植水生植物1.5万丛。**湖北鄂山**在不占用耕地资源的前提下，整理利用农田区域废弃池塘及低洼洼地，清挖底泥，建造渗滤床和多级沉淀池，构建生态护岸，利用生态沟渠连接水塘，形成多级串联的多塘净化系统。

生态浮床工程

2. 推广引领行业发展

为加快推进长江经济带农业农村面源污染治理，修复长江生态环境，推动长江经济带高质量发展，国家发展改革委等五部委联合印发《关于加快推进长江经济带农业面源污染治理的指导意见》，并设立长江经济带农业面源污染治理专项进行推动。通过南方水网区农田氮磷流失治理集成技术的示范推广，凝练了农业面源污染治理种植业典型案例，为做好长江经济带农业面源污染治理专项提供可复制、可推广的示范样板和成功经验。

3. 宣传引导良好氛围

积极引导各级各部门和广大农民树立生态文明理念和农业可持续发展观，努力提高南方水网区农田氮磷流失治理力度。挖掘总结成功做法和经验，充分利用各类媒体宣传农业面源污染防控知识、政策、做法和典型，形成全社会关心支持打好农业面源污染攻坚战的良好氛围和推进合力。太仓市充分利用网络、广播、报刊、电视、宣传栏等载体，大力宣传农业面源污染防治工作的重大意义，发动广大农民群众支持、参与农业面源污染防治。通过科技培训和典型示范，大力推广普及以生态种养技术为重点的农业生产新技术，不断提高农民群众的清洁生产技术水平。全市自发建立了5个村民志愿服务队伍，成员共100名。先后组织种养技术及环保知识培训20多期，培训种养业主上万人次。

（农业农村部农业生态与资源保护总站　薛颖昊）

全生物降解地膜替代技术集成示范

（一）技术概述

1. 技术简介

农膜是重要的农业生产资料。地膜覆盖具有良好的增温、保墒、灭草功能，可有效提高农作物产量和品质，特别是在干旱少雨的西北地区，可使玉米、棉花等作物增产30%以上，为保障国家农产品供给安全做出了重要贡献，被誉为"白色革命"。但由于重使用、轻回收，部分地区农膜残留污染问题日益严重，已成为制约我国农业可持续发展的突出环境问题。目前，治理地膜污染主要有两条路径，一是对残留地膜进行回收利用，二是探索全生物降解地膜替代使用。全生物降解地膜替代技术将从源头上防治传统地膜使用后残留物对环境的污染，是防治农膜污染的新路径。

全生物降解地膜替代技术，即使用具有完全生物降解特性的脂肪族-芳香族共聚酯、脂肪族聚酯、二氧化碳-环氧化合物共聚物以及其他可生物降解聚合物中的一种或者多种树脂为主要成分，在配方中加入适当比例的淀粉、纤维素以及其他无环境危害的无机填充物、功能性助剂，通过采用吹塑或流延等工艺生产的农用地面覆盖薄膜，替代普通聚乙烯地膜，在水热条件较好、生育期较短的农作物上应用，起到土壤增温、维持土壤湿度、抑制杂草生长的作用，在自然界存在的微生物作用下，最终完全降解变成二氧化碳（CO_2）或甲烷（CH_4）、水（H_2O）及其所含元素的矿化无机盐以及新的生物质。该技术避免了普通PE地膜残留破坏土壤结构、影响农事作业、降低农产品品质等不良影响，且降解后对土壤及作物无毒副作用。

2. 背景意义

《中办国办关于实施乡村振兴战略的意见》中指出，要加强废弃农膜回收利用、防治农用地膜污染。《土壤污染防治法》提出，国家鼓励和支持农业生产者使用生物可降解农用薄膜。农业部2015年起打响了农业面源污染治理攻坚战，提出了"一控两减三基本"的目标任务，包括到2020年农膜当季回收率达到80%。2015年起在全国13个省份组织开展了可降解地膜对比试验，评价筛选可降解地膜，验证可降解地膜农田适应性。2017年，我部启动实施农业绿色发展行动，农膜回收行动是其中之一。开展全生物降解地膜替代技术，将推动农膜残留污染治理，推进农业绿色发展，助力乡村生态振兴。

近年来降解地膜的研发和推广工作都进展较快，研发单位和企业纷纷面向市场推出不同类型的产品。社会上对不同降解地膜的评价也各不相同，甚至存在各种争议。探明全生物降解地膜的田间应用效果，掌握主流产品生产性能和降解特性，建立符合我国农业生产特点的农用生物降解膜评价和示范推广体系，有利于加快全生物降解地膜示范应用，推动全生物降解地膜行业和产业的健康发展。

3. 主要实施内容

（1）筛选适宜的全生物降解地膜产品

按照《全生物降解农用地面覆盖薄膜》（GB/T 35795—2017）筛选适宜区域栽培的全生物降解地膜，对产品的外观、力学性能、水蒸气透过率、重金属含量、生物降解性能，有效使用寿命及人工气候老化等性能进行了明确。

（2）探索全生物降解地膜农田示范应用技术规程

结合全生物降解地膜农艺操作要求，对整地起畦、地膜铺设、薄膜冲孔、灌溉、施肥、杂草控制、后期处理等技术要点进行规范，探索建立一套适合不同生态区域类型和覆膜作物的全生物降解地膜应用评价技术规程。

（3）评价全生物降解地膜应用效果

评价分析全生物降解地膜田间应用效果，监测评价其上机性能，测试其增温性能（主要是土壤温度监测），观测记录其对作物生长发育的影响和田间降解情况。

（二）示范推广

2018年，在农业农村部重大引领性技术项目引领下，在甘肃省山丹县、云南省峨山县建立了两个千亩全生物降解地膜替代技术大田示范样方，通过对全生物降解地膜上机性能、增温保墒性能、降解可控性能以及对作物产量影响等指标的观测分析，综合评价全生物降解地膜农田适用性，研究评价其大田示范应用效果，分析实际应用中存在的问题，指导全生物降解地膜配方和工艺的改进，完善示范推广的配套农艺措施，探索全生物降解地膜推广补贴机制，为推广应用全生物降解地膜提供数据支撑和实践依据。

1. 成立组织实施机构

由部生态总站牵头，省、县级农业环保部门参与，形成了三级工作推进体系，合力推进项目实施。明确工作责任，生态总站负责项目的整体设计、组织协调、统筹分工和技术政策的总结提炼，省级农业环保部门负责本区域的技术指导、技术路径和技术方案的制订，县级农业环保部门是项目实施的主体，负责配合省级农业环保部门落实实施方案、管理项目资金，推动项目实施主体开展相关工作。

2. 统一技术规范方案

印发了全生物降解地膜替代技术实施方案，统一规范试验操作和标准，对试验示范的数据调查与采集、影像资料、报告编制都做出了明确规定，提高了试验示范的科学性客观性。要求各单位严格按照技术方案的要求，细化形成本地区实施方案，明确试验地点、试验设计、负责人等。

3. 加强科技支撑服务

组建国家、省、市（县）三级技术人员和技术支撑专家参与的专家指导组，包括农技推广、农业科研、原材料研发等方面的专家和技术人员，实行技术推广与技术研发双首席制。科学编制技术实施方案，统一技术要求和操作规范，在覆膜、地膜开裂、作物收获等关键时节现场技术指导，总结探索生物降解地膜应用的技术规范，强化技术指导。

4.加强宣传培训

组织召开全生物降解地膜现场观摩活动、技术培训班、技术总结交流会，邀请有关农技人员、科研人员、产品厂家、新型经营主体等，交流学习、总结经验。组织开展了多种形式的宣传活动，将全生物降解地膜替代技术特点和应用情况报告部领导，向社会开展科普宣传，扩大活动影响，营造良好社会氛围。

全生物降解地膜替代技术示范现场交流活动

云南峨山烟草应用全生物降解地膜示范培训现场

（三）取得成效

1.建立全生物降解地膜示范样板

2018年在甘肃省山丹县覆土栽培马铃薯、云南省峨山县烟草上建立两个千亩全生物降解地膜应用示范田，监测全生物降解地膜覆盖对土壤温度、湿度的影响，对作物生长发育的影响，在田间的降解进程和效果，同时开展大田应用经济成本核算，初步摸索大范围推广生态补贴机制，打造全生物降解地膜替代应用示范样板，取得良好经济、生态、社会效益。

甘肃山丹覆土栽培马铃薯应用全生物降解地膜示范田

2. 探索全生物降解地膜应用技术规程

项目实施期间，通过农艺专家、基层农技人员、种植专业合作社等协作，总结推广应用经验，联合摸索出覆土栽培马铃薯、南方烟草全生物降解地膜应用技术规程，对适宜区域、地块选择与准备、品种筛选、肥料管理、覆膜要求、灌溉控制、杂草处理等做了详细规定，达到合理施肥、节水节药、操作简便、技术可靠的效果，为全生物降解地膜下一步大范围推广打下了基础。

3. 总结全生物降解地膜农田应用效果

通过观察监测，基本探明全生物降解地膜产品特性和农田应用效果。在烟草上，全生物降解地膜覆盖增温性能、保墒性能显著高于不覆膜，与普通PE地膜相比差异不显著，在田间降解性能良好，60天左右进入诱导期，基本满足作物前期生长发育的需求。与普通PE地膜相比，对烟草的生育指标和产量影响不显著。在马铃薯上，全生物降解地膜可以满足机械覆膜要求，在作物生育前期有较好的保温能力，生育后期逐步开裂，保温能力下降，促进马铃薯块茎发育较露地有明显增产作用，略高于普通PE地膜覆盖作物产量。

4. 推动全生物降解地膜产业升级发展

项目实施中，定期组织研讨交流、观摩学习、教学培训等，推动全生物降解地膜替代技术集成熟化、示范展示、推广应用，有效改善了全生物降解地膜产品和合成工艺，有力带动了产业整体转型升级。通过技术集成示范，推动农技、研发、推广体系互融互推，带动了一批国内优秀全生物降解地膜企业快速健康发展，生物基材料产业发展迅猛，关键技术不断突破，一批企业的生物降解材料自主合成能力、吹塑性能、助剂研发等不断提升，生产工艺和配方制备都取得了明显进步，产品的性能不断改善。

（农业农村部农业生态与资源保护总站　靳拓）

第六篇
农业重大技术推广项目

基层农技推广体系改革与建设补助项目

2018年，农业农村部会同各地农业农村部门在全国31个省（自治区、直辖市）、3个计划单列市和2个部直属垦区等36个省级单位实施基层农技推广体系改革与建设补助项目（以下简称"补助项目"），在加快农业先进适用技术推广应用，支撑农业农村事业发展等方面取得了突出成效。

（一）主要做法

1.高标准组织推进补助项目提档升级

坚持问题导向和目标导向，围绕实施乡村振兴战略的新任务和农业高质量发展的新要求，在主动改革创新、优化项目管理、提升体系效能下功夫，加快推进补助项目提档升级。**探索农技推广服务协同机制**。针对我国农业技术推广面临引领技术"缺"，成果转化"慢"，推广力量"散"等三大瓶颈问题，选择内蒙古、吉林、江苏、浙江、江西、湖北、广西、四川等8个省份开展农业重大技术协同推广计划试点，构建科技推广的需求关联机制和利益联结机制，推动"省市县三级"上下协同和"政产学研推用"六方主体左右协同。**丰富信息化为基础的新型农技推广服务手段**。基于大数据、云计算和移动互联等信息化技术，构建了Web端、客户端、公众号"三位一体"的"中国农技推广"信息平台，促进了专家、农技人员和农民的互联互通，实现了农技推广任务安排网络化、服务智能化、考核电子化，为广大农业生产经营者提供高效便捷、双向互动的农技推广服务。**推进农技推广体系改革创新试点**。激励引导各类体系内外农技人员提能力、增服务，支持社会化服务组织开展农业技术推广，发挥农业科研院校人才、成果、平台等优势，增强优良品种、绿色技术、高效模式的供给。

2.落实项目实施任务注重实效求高效

支持农技人员业务技能和学历的提升。完善农技人员分级分类培训机制，采取异地研修、集中办班、现场实训、网络培训等方式，提升基层农技推广队伍知识技能。继续支持基层农技推广队伍中非专业人员、低学历人员等，通过脱产进修、在职研修等方式进行学历提升教育，补齐专业知识短板。**强化绿色优质高效技术模式推广应用**。完善中央、省、县三级主推技术推介制度，遴选推介一批符合绿色增产、资源节约、生态环保、质量安全等要求的先进适用技术。在技术适用范围内以农业县为单位，组织农科教紧密协作形成技术操作规范，编写通俗易懂的技术要领挂图，开展多层次、多样式技术培训，加强技术示范展示和推广应用，让广大农户和新型农业经营主体了解技术要求、掌握使用要领，促进农业科技快速进村入户到田。**全面实施农技推广服务特聘计划**。针对农技推广服务活力不足、能力不强、效能不高等突出问题，创新方式方法，在22个有国贫县或集中连片特殊贫困地区的省份、三区三州以及其他有意愿的地区"孵化"农技推广服务特聘计划，通过政府购买服务等支持方式，从农业乡土专家、种养能手、新型农业经营主体技术骨干、科研教学单位一线服务人员中招募一批特聘农技员，为县域农业特色优势产业发展提供技术指导与咨询服务，为贫困农户从事农业生产经营提供技术帮扶，与基层农技人员结对开展农技服务，增强农技人员专业技能和实操水平。

3.优化项目管理持续用力精准发力

推进示范基地建设管理标准化，打造农技人员开展技术服务的主战场和农技推广补助项目的展示窗。围绕优势农产品和特色产业发展需求，按照产业规划到位、培训指导到位、示范推广到位的总体要求，建设一批长期稳定的农业科技试验示范基地，将基地打造成农业科技成果展示的窗口和技术推广的辐射源，让广大农户看有示范、学有样板，实现农技人员与服务对象面对面、科技与田间零距离，满足了农民对农业技术可视化、多样化、综合化、现场化的要求。**推进项目绩效管理全程化，为科学精准全程管理提供有力抓手**。建立部省联动、全程实施的绩效管理机制，加强任务进展情况调度、工作监督和绩效考评，提升项目实施成效，强化财政资源配置效率。继续优化考评方式，委托江苏农学会作为第三方考评牵头单位，会同中国农学会、全国农业技术推广服务中心等单位开展补助项目绩效考评。在组织集中交流考评、分省资料分析评判的基础上，通过信息化"全覆盖"考评，确保绩效考评过程、考评结果更为客观公正。依托中国农技推广信息平台，对36个省级实施单元、2 992个县级实施单元（8个省补助分行业实施，以每个行业1个项目县为1个实施单元）补助项目实施情况进行全程线上展示和绩效管理。强化约束激励机制，2018年共安排20%经费作为实施绩效，23个省份获得绩效奖励，排名靠前省份给予"重奖"，提高工作积极性。**推进实施成效宣传精品化，进一步扩大项目影响、营造良好氛围**。深入挖掘项目实施取得的成功经验和典型作法，遴选推出任务实施好、作用影响大的农技推广机构、农技人员、示范服务载体等先进典型，通过电视、报纸、网站、简报等多渠道、多形式全方位多角度开展宣传，扩大项目影响，营造良好氛围。

（二）实施成效

通过补助项目实施，增强了基层农技推广体系服务能力，推广应用了一大批优质绿色高效技术，提升了农业经营主体的科学种养水平，为推进农业供给侧结构性改革、促进农业绿色发展、加快农业农村现代化提供了有力的科技支撑和人才保障。

1.一批绿色优质高效技术模式快速落地，有力支撑农业高质量发展

借助信息化、农民田间学校等高效示范服务方式，充分发挥6 000多个农业科技试验示范基地的示范引领作用、农业科技示范主体的辐射带动作用，大范围推广应用了水稻侧深施肥、杂粮杂豆规范化生产、奶牛饲料高效利用等绿色优质高效技术，全国农业主推技术到位率达到95%以上，为推动农业供给侧结构性改革提供了有力支撑，保障了农业稳产增产、连年丰收，又促进了农业高质量发展。**围绕保障粮食有效供给，示范推广了一批重要农作物优质绿色高效技术模式**。如针对华北平原水资源匮乏和优质麦供给不足等问题，集成示范推广了小麦节水保优技术，平均每亩产小麦454.8千克，实现节水40%、节肥20%、节本增效100元以上，有力支撑小麦生产绿色优质稳产高效。**围绕推动农业产业结构调整，示范推广了一批特色综合种养模式和产业提质增效技术**。如围绕"镰刀弯"地区削减籽粒玉米面积的刚性要求，通过技术示范带动和指导服务，推动了杂粮杂豆、青贮玉米等高附加值产业快速发展。**落实中央推进农业绿色发展的部署要求，示范推广一批资源节约型、环境友好型清洁生产技术**。如稻田生态种养技术年推广应用2 000多万亩，有效减少了化肥农药使用、改善生态环境，也生产出更多的优质安全稻米、水产品和畜产品。

2."精准+普惠"帮扶区域特色产业高效发展，在脱贫攻坚中发挥显著作用

将农技推广工作与扶贫工作紧密衔接，组建专家团队开展科技扶贫，培育发展特色产业实现产业扶贫，对口帮扶实现精准扶贫，为打赢脱贫攻坚战提供了有力支撑。**农技推广服务特聘计划减贫成效突出**。在全国22个省（自治区、直辖市）的国家扶贫开发工作重点县和集中连片特殊困难地区县以及福建、天津等地共856个县实施特聘计划，2 241名有较高的技术专长和科技素质，有丰富农业生产实践经验，责任心、服务意识和协调能力较强的行家里手成为特聘农技员，提供了大量精准实用农技服务供给，有效满足当地特色产业发展的技术需求，为产业扶贫提供了有力支持。**补助项目支持"普惠制"帮扶效果明显**。补助项目实施范围覆盖全国95%的贫困县，各地以补助项目为载体主动对接精准扶贫工作，组建专家团队开展科技扶贫，农技人员把贫困户作为对口帮扶重点对象。

3.构建新时期"三农"发展精准服务农技推广服务体系

以国家农技推广机构为主导，农业科研院校、社会化服务组织等广泛参与、分工协作、充满活力的农技推广体系持续完善，"专家+农技人员+科技示范主体"的技术服务推广模式和县镇村三级农业科技试验示范网络进一步巩固，农业科技进村入户服务效能不断增强，农业技术推广覆盖率及应用水平快速提高。**农业重大技术协同推广试点成效显著**。创新组织机制，凝聚各方力量，协同政府和市场、协同各类科技人员、协同各方资金，建立起政府指导、各方参与、聚焦干事的新型组织机制。创新联结机制，促进互利共赢，科研人员找到了方向，科研成果有了用武之地；推广人员增长了知识、提升了技能；农民和企业解决了生产技术难题，获得了实实在在的收益。创新贯通机制，促进信息双向流动，使农民和科研推广人员成为了好朋友，供给方按需提供技术，需求方及时反馈生产难点和技术难题，形成了信息的双向流动、上下贯通。**公益性推广与经营性服务融合发展等创新举措取得初步成效**。通过共建载体、派驻挂职、互派人员等措施，促进了公益性推广机构与经营性服务机构相结合、公益性推广队伍与新型经营主体相结合、公益性推广与经营性服务相结合，调动基层农技人员开展服务的积极性、社会力量参与推广的积极性、农民接受先进技术的积极性。**调动了社会化服务组织承担公益性农技推广服务的积极性**。通过购买服务、定向委托等方式，支持社会化服务组织开展产前、产中、产后全程农业技术服务，一批有资质有能力的市场化主体承担了可量化、易监管的公益性农技推广服务。

（农业农村部科技教育司　付长亮）

绿色高质高效创建项目

2018年是实施乡村振兴战略的开局之年，也是农业农村部确定的"农业质量年"。农业农村部把开展绿色高质高效创建作为推动绿色兴农、质量兴农、品牌强农的重要抓手，积极拓展创建内涵，提升创建层次，助力农业转型升级和高质量发展，取得积极进展和成效。

（一）主要做法

1.强化组织领导，责任落实到位

各地按照省市县三级联创、以县为主的原则，积极推进绿色高质高效创建工作。**领导小组抓落实**。各地成立由省级政府或农业主管部门负责同志任组长的领导小组，项目县成立以政府负责同志为组长的绿色高质高效创建协调小组，统筹各方力量，加大投入力度，确保项目顺利实施。黑龙江、青海成立由分管副省长任组长的领导小组，有关厅局负责同志为成员，为创建工作提供有力组织保障。**专家指导组抓服务**。各地依托国家和省级农业产业技术体系，组建专家技术团队，开展技术指导服务。有关市县也参照省里做法，成立由当地首席专家为组长的专家指导组，开展关键技术示范推广、共性技术瓶颈攻关、技术模式集成组装等工作。山东省聚集农业各领域专家，成立小麦、玉米、大豆、棉花四大作物专家指导组，每组均由栽培、种子、植保、土肥等方面专家组成，为绿色高质高效创建提供技术支撑。浙江省依托"三农六方"（省农业厅、省农科院、浙江大学、中国水稻所、中国茶科所、浙江农林大学）农业科技协作体系，以政府购买服务方式，为创建区提供优质高效的技术指导服务。

2.强化指导服务，技术措施到位

各级农业农村部门加强对绿色高质高效创建指导服务，制订发布技术指导方案，加强技术协作攻关，开展巡回指导服务，提高绿色高质高效技术到位率。全国各地共组织省级专家巡回技术指导2 300余次。**开展培训指导**。各地组织专家对有关市县技术骨干开展技术培训，市县技术骨干也采取多种形式，对创建区农户开展技术培训。关键农时季节，省市县各级专家深入田间地头，帮助农民因时、因墒、因苗落实田管措施，实现科技人员直接入户、技术要领直接到人、良种良法直接到田。云南省开展专题培训412期，培训技术骨干2 512人、示范户47 170人，组织现场观摩71期，观摩人数9 175人。**加强信息服务**。不少地区充分发挥信息引导作用，利用网络平台、手机APP等新方式，及时发布品种、价格、供求信息，让创建区农户知道种什么、怎么种，让合作社能够卖得出、销得畅。内蒙古组织开展"三级联创"科技人员下乡蹲点服务活动，选聘玉米、大豆、马铃薯等6大作物全产业链首席分析师，开展生产技术、供需形势、产品销路等信息服务，引导农民合理安排生产，促进产销衔接。

3.强化项目执行，规范管理到位

创建县建立健全资金使用台账和工作档案，加强资金监管，做好日常管理，将相关文件和影像资料归档立卷，以备查阅。**加强资金管理**。明确支出范围，将补助资金主要用于物化投入、社会化服务、技术推广服务补助。一些地方的农业农村、财政、审计等部门组成联合工作组，对年度资金使用情况进行核查，确保资金使用安全。**规范档案管理**。严格建立项目档案，将省市县有关文件和实施方案、培训观摩现场、示范标牌照片等文字和图片材料分类建档，做到有章可循、有据可查。

4.强化考核评价，监管约束到位

在项目实施过程中，加强跟踪调度，突出从立项到总结的全过程监管，及时掌握实施进展，确保各项工作有力有序推进。**加强工作督导**。各省创新督导方式，确保创建措施落实到位，取得实效。新疆将创建列入自治区农业项目稽查专项，开展专项督查，对督查中发现的问题进行通报，并对部分创建县下发整改通知书，确保创建工作不走样。辽宁省建立"月调度季汇报"制度，定期了解各地创建工作开展情况，并结合调度结果，在关键环节、关键时期，通过全省巡回、市县交叉、重点抽查等形式，先后开展3次督导检查，加强过程管理。**突出绩效评价**。开展绩效评价，推动创建工作规范有序开展。江苏省制订绿色高质高效示范创建绩效评价办法，把创建作为粮食安全责任制考核的内容，列入对市级政府考核指标，分值3.5分，占整个农业农村部门考核分数的10%。上海市结合各阶段检查评比结果及总体创建成效，每年度评选出一定数量的市级优秀示范点，并按照创建后奖补给予一定支持。

5.强化宣传引导，辐射带动到位

各地注重舆论引导，为创建工作提供助力。**搞好媒体宣传**。及时交流各地推进绿色高质高效创建的好做法、好经验，树立典型、扩大影响。抓好宣传报道，大力宣传创建工作的政策措施、成功经验、先进典型和实施效果。全国各地在省级以上媒体开展宣传600多次。**统一标识标牌**。在创建区设立统一、醒目的标识牌，明确创建作物、创建目标、技术模式、行政及技术负责人，让农户看得到、学得会、用得上，扩大宣传效应，接受群众监督。吉林省18个创建县共落实核心展示地块512块、示范区地块2.3万块，向周边农户宣传推广关键技术要点，很好发挥了示范片的引导带动作用。

（二）实施成效

1.集成"全环节"绿色高效技术

围绕整地、播种、管理、收获等各环节，坚持把绿色、优质、高效要求贯穿于创建全过程，提升科技含量和种植效益。**集成示范新品种新技术**。全国共集成589套绿色高效技术模式。内蒙古重点推广玉米无膜浅埋滴灌水肥一体、高蛋白大豆绿色高质高效、单种小麦两改三防绿色栽培等6套技术模式，示范推广面积450万亩。江苏省突出优良食味水稻、特色蔬菜、鲜食玉米等优新品种的筛选应用，建立绿色优质安全生产技术示范基地11个，特色粮经作物品种比例较上年提高10个百分点。**推广应用绿色防控技术**。大力推广科学肥水管理、绿色综合防控等高质高效生产技术，推进轻简绿色化生产。贵州省无公害栽培技术、配方肥、绿色防控技术等覆盖率达100%；灌溉水有效利用系数达到0.6，地膜回收率达到100%；创建区化肥使用量较上年减少2%，化学农药使用量较上年减少2%。广东省将绿色创建与农业面源污染治理相结合，创建区农户平均每亩减施化肥23.5千克、减幅33.6%，减施农药1～2次、减幅29.4%。**促进全程农机农艺融合**。全国创建区综合机械化水平较非创建区平均提高6.6个百分点。湖南省积极推广新型高效机械，以及与其相适应、相配套的高质高效农艺技术，创建区农机综合水平提升10%，省工节本20%以上。青海省推广应用小麦机械沟播技术、马铃薯全程机械化作业技术等，创建区机械化率提高5个百分点。

2.带动"全过程"社会化服务

各地根据当地生产实际，创新社会化服务方式，推动农业社会化服务组织规模化、标准化建设。**突出关键环节，推进社会化服务。**宁夏依托69家农业社会化服务组织，选择1～2个关键环节，点面结合，整乡整村推进，实现社会化服务全覆盖。创建区绿色高效技术到位率达到100%、综合机械化率达到88%、亩均节约物化成本40元。浙江省重点推进蔬菜育苗、整地、防病等环节的社会化服务，开展代育苗、代机械翻耕整地、代病虫防治的"三代"服务。**创新服务方式，壮大社会化服务组织。**安徽省成立全国首家省级农业社会化服务产业联盟，创建区共建立各类农业生产托管服务组织1.9万个，服务农户200多万户，完成生产托管面积2 000万亩。北京市相关种植业社会化服务组织达到21家，年服务能力10万亩以上。**探索应用"互联网+"，推广现代种植技术。**黑龙江省以绿色有机食品生产为切入点，在18个创建县建设"互联网+农业"高标准示范基地381个，落实绿色有机种植面积127.4万亩。江苏省按照智慧农业"123+N"模式，在创建县建立粮油生产、病虫害实时监测服务平台，实现作物生长、病虫害发生等实时采集和上传，提高生产智能化水平。

3.促进"全链条"产业融合

全国各地大力推广"龙头企业+创建区""合作社+创建区"等经营模式，推进订单种植和产销衔接，显著提高了综合效益。**推广优质专用品种。**河南省推进优质专用小麦区域化布局，2018年夏收优质专用小麦面积达到840万亩，占全省小麦面积的1/10，优质专用小麦订单率达88.2%。黑龙江省推广种植高赖氨酸、高淀粉、鲜食玉米和高蛋白食用型大豆等专用型品种，提升产品竞争力。**推进企业订单生产。**云南省共组织871家新型经营主体参与创建，创建面积51万亩，其中农业龙头企业53家。江苏省支持产业化龙头企业、粮食产业园区、行业协会、产业联盟等合作，建设水稻产业化基地约2 000个。**注重精品名牌打造。**湖南省依托省稻米协会和优势企业，重点打造"常德香米""南洲虾稻米""松柏大米"等区域公用品牌，带动区域内优质稻生产整体平衡增效。浙江省通过申报"临海蜜橘"证明商标和原产地标志，采用"子母商标"的设计，统一打"企业名称+临海蜜橘"的品牌标识，提高产品知名度。**拓展农业多种功能。**重庆市发展稻田美化栽培，打造稻香旅游环线，丰富田园造型，拓展休闲项目，举办油菜花节等展会，吸引游客休闲观光，提升了农业综合效益。贵州省发展"绿色稻+""苦荞+蜜蜂"种养、桑园茶园套种、蚕桑资源综合开发利用等模式，实现"一田多用"，提升产业融合水平。

4.探索绿色生态种养模式

以绿色理念为引领，创新发展了形式多样的绿色种养模式。**推进种植养殖结合。**贵州省推广"稻+鸭""稻+鱼"等生态种养模式，实行绿板和黄板灭虫，使用高效低残留农药，提高农产品品质。安徽省建立稻渔综合种养千亩示范片210个、万亩示范区83个，总面积超过160万亩，其中稻虾共作模式亩产稻谷500千克、小龙虾130千克，亩利润2 500元以上。**推进种地养地结合。**上海市推进以"绿肥-稻""冬耕晒垡-稻"为重点的绿色茬口模式，创建区应用面积达72.5%。江苏省示范推广水旱轮作、菜（菌）菜轮（共）作、菌渣循环利用、"猪-沼-菜"等10多种绿色高效新模式。

（农业农村部种植业管理司　乔领璇　纪龙）

农机深松整地项目

开展农机深松整地，是国际上改善耕地质量、提高农业综合生产能力、促进农业可持续发展的通行做法。美国、加拿大、澳大利亚、巴西等国都将深松整地、秸秆覆盖、免耕播种集成为保护性耕作技术，作为现代农业耕作制度改革的重要内容。目前，这项技术已在全球70多个国家25亿亩以上的农田推广应用。2014年中央1号文件首次提出"大力推广机械化深松整地"，2014—2016年国务院在《政府工作报告》中连续三年对此提出了明确要求。

（一）主要做法

1.抓规划制订及任务分解

我国适宜农机深松整地作业的耕地面积约为5亿亩左右，主要分布在东北一熟区、黄淮海两熟区、长城沿线风沙区、西北黄土高原区等七个类型区。2016年制订的《全国农机深松整地作业实施规划（2016—2020年）》，明确了"十三五"期间全国作业任务和技术路径，力争2020年全国适宜耕地全部深松一遍。近年农业农村部每年都对此作出专门部署，将作业任务分解到各个省份，并在关键时段建立月报周报制度，组织开展重点地区督导工作，层层落实责任。

2.抓装备技术支撑

积极引导农机科研单位和企业加大深松机具研发力度，目前深松机已发展到凿式、铲式、全方位式等10多种类型，涌现出振动式弧面铲型等一批新机型，较好满足了不同区域深松整地作业需要。在实施农机购置补贴政策中，优先满足农民购置大马力拖拉机、深松机、联合整地机等作业机具需求，做到敞开补贴、应补尽补。截至2018年底，全国80马力以上大型拖拉机和深松机具保有量分别达到100万台和30万台左右，比2014年分别增长了47.6%、33.4%。把深松整地作为农机化主推技术，制订全国《深松机作业质量》行业标准，安排试验示范项目，完善深松整地技术模式，通过现场演示、专题培训等方式对农机合作社负责人、机手等人员加强技术指导。河北、辽宁、山东、内蒙古等地在实践中形成了具有地方特点的技术规范和标准。

3.抓政策带动

从2014年开始，中央财政建立农机深松整地作业补助政策，近三年资金规模每年在20亿元左右。在资金渠道上，2014—2016年，允许地方从农机购置补贴专项中安排不超过15%的资金用于深松整地作业补助；2017年起改为通过"农业生产发展资金"大专项+任务清单的方式由地方统筹安排。在具体实施上，要求"先作业后补助、先公示后兑现"，鼓励政府购买服务，补助标准由各地结合实际制订，目前大多数地区每亩补助25元左右。2014年以来，中央和地方财政累计投入近90亿元，补助深松整地作业面积近4亿亩。

4.抓监管创新

引导各地采用"物联网+监管"远程监测方式，通过在拖拉机和深松机上安装传感器等信息化装备，管理部门可以对作业深度、作业轨迹、作业面积进行实时监控、随时调取。信息化远程监测方式可将深松整地作业面积统计误差控制在1%左右，深度误差控制在2厘米左右，不再需要"人工弯腰插钢钎，绕着田头量皮尺"，大幅提高了监管效率，降低监管成本和监管风险，确保深松整地作业质量要求落实到位。目前，全国信息化远程监测深松整地年作业面积超过1亿亩，占全部补助面积的90%以上，做到了让农民满意、机手欢迎、政府放心。

（二）实施成效

从这几年的实践看，通过农机深松整地打破坚硬的犁底层，加深耕层，降低土壤容重，提高了土壤通透性，增强了土壤蓄水保墒和抗旱防涝能力，有利于作物生长发育和提高产量。黑龙江、吉林、河北等省监测数据表明，深松地块比未深松的地块蓄水容量每亩可增加15～20立方米，伏旱期间平均含水量提高7个百分点左右，作物耐旱时间延长10天左右，小麦、玉米等作物平均增产5%～10%。2018年吉林部分地区出现大旱，深松地块玉米普遍实现稳产。青岛连续3年对深松整地核心示范区进行了数据监测，结果表明实施深松整地作业后每季作物可减少浇水1～2次，每亩可节省40元左右；土壤有机质含量增加，每亩可减少化肥施用5千克，节约费用15元左右。

中央设立的深松整地作业补助政策，有力推动了全国深松整地技术由点到面迅速铺开，很多地方实现了整村整乡整县推进。2014—2018年，全国深松整地面积年均1.5亿亩左右，年完成深松整地150万亩以上的省份达到12个，其中黑龙江每年深松整地都在3 500万亩以上，吉林、内蒙古、河北、山东、河南每年都在1 200万亩以上。一大批农机合作社等服务组织通过承担深松整地作业任务，加快了拖拉机等装备更新换代步伐，自身发展及服务能力都有明显提升。

（农业农村部农业机械化管理司　段冬冬）

旱作农业和地膜清洁生产技术项目

我国旱地面积超过10亿亩，约占总耕地面积的一半。干旱缺水已成为农业可持续发展的"硬约束"。大力发展旱作农业，是保障国家粮食安全、加快转变农业发展方式的现实需求，是建设现代农业、促进农业绿色发展的必由之路。2018年，农业农村部加强统筹强化力度，着力推进旱作农业技术推广，开展地膜清洁生产，推进旱区农业绿色高质量发展，旱作农业发展的路径更加清晰、成效更加明显，呈现出良好的发展态势。

（一）主要做法

1.印发通知，压实责任，着力推进

2018年5月，农业农村部印发《关于做好2018年旱作农业和地膜清洁生产技术推广工作的通知》，提出总体要求、目标任务、实施内容和工作要求。各省农业部门会同财政部门，按照《农业生产发展资金管理办法》（财农〔2017〕41号）要求，科学测算补助资金，因地制宜确定补助方式，制订省级项目实施方案，指导县（市）制订具体实施方案，明确目标任务，细化工作内容，确保责任落实。在全国旱作农业技术培训班和全国水肥一体化技术培训班上，对项目进行再动员、再部署，狠抓落实。各省也加强工作部署，层层对接任务，层层压实责任。各级领导高度重视旱作农业，有力推动了旱作农业的蓬勃发展。

2.行政发力，加强协同，合力推进

青海项目县将全膜工作列入全县的重点工作当中，进行目标责任考核。形成"五组联动"，做到"四个到位"，实行"三抓"机制，落实"双包"责任，促进了项目的顺利实施。**资金整合推**。甘肃在省财政困难的情况下，省市县各级财政多渠道增加投入，每年配套资金1亿～1.5亿元，大力推广旱作农业技术，确保了全膜覆盖技术推广面积稳定在1 500万亩以上。同时，大部分县将旱作农业作为推进扶贫攻坚的富民产业，不断加大财政投入，促进老少边穷地区农民的脱贫致富。**技术集成推**。将集雨补灌技术和水肥一体化技术结合，以蓄集和优先利用自然降水为核心，示范推广软体集雨窖（池）设施棚面集雨，将集下来的水采用喷滴灌水肥一体化技术高效利用。在设施温室大棚和果园应用，基本满足农业生产用水，促进生产生态效益双提高。

3.技术攻关，集成创新，示范推进

陕西省建立新技术攻关田，开展以旱作节水农业与地膜减量增效技术为核心的绿色增产技术攻关，澄城、合阳、永寿及千阳县四个项目县共建设小麦水肥一体节水补灌技术攻关田5个，面积1 734亩，平均亩产379.1千克，较对照区平均亩产264.6千克增产114.5千克，增产30.1%。**试验示范亮点推进**。陕西榆林市佳县建设高粱渗水地膜示范区3万亩，平均亩产

611千克，较大田露地栽培亩产480千克增产21.4%；米脂、吴堡县建设谷子渗水地膜示范区2 050亩，平均亩产399.3千克，较大田平均亩增产谷子132.9千克，增产幅度33.3%，带动周围农户应用此项技术。**技术集成融合推进。**山西省示范推广小麦宽窄行探墒沟播技术，集成沟播、施肥、免耕、镇压等技术措施，具有节水、保墒、抗旱、增温等多种功效，能够明显增加麦田冬前分蘖，项目田平均亩产量366.2千克，比普通田亩增产50千克。

4.制订方案，技术指导，宣传推进

各项目省都制订了实施方案和技术方案，明确推广任务和技术模式。陕西各项目县选聘专家，请市县级首席专家组建技术指导组，指导组至少10名以上专业技术人员，因地制宜制订适合当地推广的技术方案。**加强技术指导。**甘肃省对52个项目县（区）分组分区域开展督查和技术指导培训，并根据周报制调度情况，对秋覆膜和顶凌覆膜进展缓慢的部分县市进行重点技术培训，确保项目顺利实施。**搞好宣传培训。**陕西省邀请西北农林科技大学专家教授分别就玉米旱作节水保墒和地膜减量增效技术、旱地小麦旱作节水补灌绿色高质高效栽培技术进行了专题培训。据不完全统计，今年各示范县（市）组织现场观摩和培训班300多期次，培训农户7万多人次。

5.强化监督，强力推进，加强调度督导

各地建立调度制度，及时掌握进展情况，关键农时开展督导，推动措施落实。甘肃省在覆膜期间，实行覆膜进度周报制，并根据调度情况，再安排、再部署，加大任务落实力度。**加强资金监管。**青海省项目补助物资购置均实行政府采购。项目农用地膜、配方肥等补助物资均委托招标公司公开招标，确保项目顺利实施。**加强考核检查。**甘肃省严格核查、确保覆膜面积落到实处；各地制订具体的考核奖惩办法，重奖重罚，以严明的纪律和严格的考核，加大任务落实力度；各级农业部门巡回督导、严格核查，确保覆膜面积落实到地。

（二）实施成效

1.旱作农业工作机制逐步建立

推广旱作农业技术，发展现代农业是一项长期性、系统性工作，需要建立有效的工作机制，坚持不懈地推进。**落实责任。**将旱作农业技术推广和地膜清洁生产上升为政府行为，分解落实责任，推进措施落实。示范县（市）成立由政府主要负责同志任组长的推进落实组，协调人力、物资、资金等，把任务和要求细化到乡镇，乡镇将试点任务落实到经营主体。层层分解落实责任，确保了项目顺利实施。**集中连片。**项目县（市）选择主导作物和优势区域，集中连片，整体推进，形成规模效应。甘肃省推广面积超过10万亩的县（区）有38个，推广面积超过30万亩的县（区）有13个，推广面积超过50万亩县（区）有8个，环县、会宁、安定3个县（区）整建制推进，每个县的推广面积超过100万亩。**经营主体参与。**改变以往由政府和农业部门包办的做法，依托新型经营主体，承担项目推广任务。陕西省以新型经营主体为载体，通过政策扶持、项目带动、技术推动，形成了一批种植大户和家庭农场，提高了旱作农业技术推广的规模化、标准化水平。

2.旱作农业技术模式绿色转型

按照绿色高质量发展要求，各地根据当地降水等自然条件和农田基础设施情况，结合当地主要作物和产业发展特点，集成一批可推广、可复制的旱作农业绿色生产技术模式。**覆盖保墒技术。**按照地膜覆盖技术适宜性要求，在甘肃、宁夏、青海年均降水量250～400毫米地区，因地制宜示范推广以全膜覆盖为主的旱作节水综合技术，根据土壤墒情分为秋

覆膜和春覆膜；在陕西、河北、山西年均降水量400毫米以上地区，因地制宜改全膜覆盖为半膜覆盖，推进地膜源头减量。采用厚度0.01毫米以上的标准地膜，利于残膜回收，配套增施有机肥、缓释肥等。半膜亩增产50千克以上，全膜亩增产150千克以上。**水肥一体化技术**。在河北、陕西、山西、新疆等省（区）农田基础设施较好，有灌溉条件，农民积极性高的地区，发展膜下滴灌水肥一体化、微喷水肥一体化、浅埋滴灌水肥一体化等模式，建立灌溉施肥制度，配套水溶肥料，实现水肥耦合。在马铃薯上亩增产1 500 ~ 2 000千克，苹果、葡萄等北方果树亩节本增收1 000元以上，番茄、黄瓜等设施蔬菜亩节本增收800 ~ 1 500元。**集雨补灌技术**。在干旱缺水和地下水超采问题突出的陕西、山西、河北等省，以蓄集和高效利用自然降水为核心，采用新型软体集雨技术，充分利用窖面、设施棚面及园区道路等作为集雨面，蓄集自然降水，实现集雨补灌，自然降水集雨率50%以上。在设施农业配置软体集雨窖，集雨率超过90%。**蓄水保墒技术**。在山西通过深松耕、抗旱镇压等措施增加土壤蓄水，采用秸秆覆盖等措施，降低地表无效蒸发，提高水分利用效率。此外，各地还以抵御干旱缺水环境胁迫为核心，示范推广抗旱剂、保水剂、蒸腾抑制剂和抗旱品种等，改善土壤保水性能，提高作物抗旱能力，试点以保水保墒技术替代地膜。

3.旱作农业示范区不断扩展

建立一批旱作农业示范区。据不完全统计，共建立180多个高标准旱作农业示范区，示范推广面积2 200多万亩，其中甘肃1 500万亩、河北140万亩、山西110万亩、陕西127万亩、青海125万亩、宁夏226万亩。甘肃省以旱作农业项目为依托，建设万亩国家级旱作农业示范区，把推广全膜双垄沟播技术放在首位，成功将旱作区打造成为全省新的粮食增长点，实现全省粮食"十四连丰"。**打造有机旱作样板**。山西省大力推进有机旱作农业。娄烦、山阴、神池、兴县、陵川等5个县开展有机旱作整建制示范县创建，建设30个以村、乡或新型经营主体为单元、符合"四有要求"（有稳定区域、有成熟技术、有生产标准、有注册品牌）的有机旱作封闭示范片，推进全要素示范。

4.农田残膜回收机制逐步建立

建立"以旧换新"回收机制。甘肃省部分县购置0.01毫米的厚膜专门用于开展"以旧换新"，要求在领取补贴地膜的同时，按照不低于1∶5的比例上交旧膜，有效激发广大群众捡拾交售地膜的热情，有些农户甚至将残留多年、堆在田间沟渠、河道以及邻近县区的残膜都捡拾来进行兑换。**引导实行"谁生产、谁回收"机制**。甘肃省将开展废旧地膜回收利用作为加分项列入政府补贴地膜招标采购评分指标之中，并逐步加大分值占比，引导地膜生产厂家开展地膜回收利用业务。**建立回收保证金制度**。甘肃民乐、山丹、临泽等地探索开展了收取回收保证金的模式，在签订土地流转合同的同时，要求承包方每亩地预付30 ~ 50元的地膜回收责任履行保证金，有效遏制土地流转大户对耕地"只用不管"的现象。

5.旱作农业经济、社会和生态效益显著

促进了粮食增产。项目实施8省区技术推广面积2 254万亩，其中全膜覆盖1 839万亩，半膜覆盖382万亩，水肥一体化33万亩。总增产粮食20.97亿千克，其中全膜覆盖增产18.39亿千克，半膜覆盖增产1.91亿千克，水肥一体化增产0.67亿千克。**促进了旱区绿色生产**。大力推广水肥一体化技术，玉米、小麦、马铃薯等粮食作物节水30%，节肥20%，节地6%以上。在设施园艺作物上应用水肥一体化技术，节水节肥30%以上，减少病害30%，节药20%。通过集中连片推广地膜覆盖技术，提高旱作区自然降水利用效率和耕地粮食综合生产能力。每

毫米降水的粮食生产能力由0.5千克提高到0.55千克。通过采用替代技术项目区减少地膜覆盖面积10%以上。在内蒙古、甘肃、新疆等3省（区）创建100个废旧地膜全回收整建制推进示范县，项目区当季地膜回收率达到80%以上。**推进了扶贫攻坚纵深发展。**甘肃省每年推广1 500多万亩全膜覆盖技术，使旱作区粮食平均亩产从传统的100千克小麦增加到现在的650千克玉米，亩收入从原来的不到200元增加到现在1 000元。每年农民通过种植全膜玉米增加收益30多亿元。

（农业农村部种植业管理司 潘晓丽 全国农业技术推广服务中心 钟永红）

果菜茶有机肥替代化肥试点项目

多年来，为促增产、保供给，农业资源超强利用，化肥投入过量，特别是水果、蔬菜、茶叶生产规模不断扩大，加之农村劳动力加快转移，畜禽养殖废弃物等有机肥资源利用不足，带来成本增加和环境污染，也影响产品的品质和生产效益。推行果菜茶有机肥替代化肥十分重要。**一是促进农业节本增效的需要。**目前，我国化肥施用量总体偏多，远高于美国、欧盟等发达国家。特别是水果、蔬菜化肥用量更多，果树亩均化肥用量是日本的2倍多、美国的6倍、欧盟的7倍，蔬菜亩均化肥用量比日本高12.8千克、比美国高29.7千克、比欧盟高31.4千克。化肥的过量使用，增加了生产成本。开发利用我国丰富的有机肥资源，实施有机肥替代化肥，利于果菜茶节本增效。**二是促进产品提质增效的需要。**化肥过量施用、有机肥用量减少，影响产品品质。施用有机肥的果园，果实外观和内在品质明显提高，同时，果色鲜艳、适口性好、商品价值也高。增施有机肥还可以增强作物抗性，降低病虫危害，减少农药用量。开发利用我国丰富的有机肥资源，实施有机肥替代化肥，利于果菜茶提质增效。**三是促进循环农业发展的需要。**近年来，我国畜牧业生产发生重大变化，规模养殖成为主体。同时，养殖的集中区畜禽废弃物利用率较低，既造成资源浪费，也带来环境污染。开发利用我国丰富的有机肥资源，支持农民利用畜禽粪便积造、生产有机肥，利于实现资源循环利用。**四是保护农业生态环境的需要。**化肥过量施用，不仅造成耕地质量下降，对生态环境也有不利影响。目前，我国耕地退化面积占总面积的40%以上，耕地污染问题突出。同时，南方地表水富营养化，北方地下水硝酸盐污染，重要的原因是化肥过量施用导致的氮磷元素流失和畜禽养殖产生的面源污染。开发利用我国丰富的有机肥资源，实施有机肥替代化肥，可减少土壤和水体污染，利于保护生态环境。

2018年，选择150个果菜茶重点县（市、区）开展有机肥替代化肥试点，创建一批果菜茶知名品牌，集成一批可复制、可推广、可持续的有机肥替代化肥的生产运营模式，做到建一批、成一批。力争用3～5年时间，初步建立起有机肥替代化肥的组织方式和政策体系，集成推广有机肥替代化肥的生产技术模式，构建果菜茶有机肥替代化肥长效机制。2018年的具体目标是"四个促进"。**一是促进化肥减量增效。**项目区单位面积化肥用量较上年减少15%以上，带动全县化肥用量实现负增长。**二是促进有机肥资源利用。**项目区单位面积有机肥用量较上年提高20%以上；新增试点县畜禽粪污综合利用率提高5个百分点以上，巩固试点县畜禽粪污综合利用率提高2个百分点以上。**三是促进产品品质提升。**项目区果菜茶产品100%符合食品安全国家标准或农产品质量安全行业标准。**四是促进土壤质量改善。**项目区土壤有机质含量提升，土壤酸化、盐渍化等问题得到初步改善。

（一）主要做法

1.加强统筹，聚合资源

为确保果菜茶有机肥替代化肥行动取得实效，与相关工作进行统筹谋划，合力推进。**农牧结合推**。将果菜茶有机肥替代化肥试点县与畜禽养殖废弃物资源化整建制推进县对接，以果定畜、以畜定沼、以沼促果，推动种养业在布局上相协调、在生产上相衔接。**项目统筹推**。湖北省将沼气工程、农业综合开发区域生态循环农业、标准化规模养殖、畜禽粪污资源化利用、果茶绿色高产创建等资金统筹安排，向有机肥替代化肥试点县倾斜，实现"各炒一盘菜、共办一桌席"。**技术配套推**。将有机肥替代化肥与病虫绿色防控相结合，既促进产地环境优化，又提升绿色防控水平。江西省信丰县针对柑橘黄龙病问题，在柑橘有机肥替代化肥示范区探索推广植物营养与飞虱防控耦合技术。

2.创新服务，务实推进

各试点县探索有效方式，创新服务，加快推进。**政府购买服务拉动**。陕西省延川县大力发展沼气社会化服务公司，推广规模化养殖+沼气+社会化出渣运肥服务模式。浙江省武义县扶持成立4家机械深施服务队，对开展茶园有机肥机械深施服务进行适当补助。**新型经营主体带动**。湖南省安化县茶农合作社自筹资金，用于收购畜禽粪便、饼肥、有机肥。四川省丹棱县成立国有独资的丹橙现代果业有限公司，承担全县果菜茶有机肥替代化肥项目实施。**金融服务创新促动**。各地通过补贴、贷款贴息、设立引导性基金等方式，撬动各类资本投入，加快有机肥推广应用。湖北省十堰市郧阳区推动设立"环水共治基金"，撬动社会资本投入，支持南水北调水源地应用有机肥替代化肥技术。

3.精准指导，技术到位

有机肥替代化肥不是简单的施肥，更是多种技术的集成和不同的实现形式，必须加强指导，提高技术到位率。**细化技术方案**。各试点县组织专家分苹果、柑橘、设施蔬菜、茶叶制订有机肥替代化肥技术指导方案。辽宁、山东等省成立院士领衔的专家团队，指导农民落实关键技术，帮助试点县提升创建水平。**加强技术培训**。重点是培训种植大户、新型经营主体技术骨干，让他们熟练掌握有机肥腐熟积造、沼渣沼液无害化处理还田、水肥管理等关键技术。据初步统计，今年各试点县组织现场观摩400多场次，组织技术培训班700多期次，培训农户12万多人次。**创新服务方式**。辽宁省利用主要农作物控减施肥与手机信息化服务平台，在8个试点县开展"保姆式施肥指导服务"。安徽省通过手机APP和短信等方式，将有机肥替代化肥技术要领和工作动态及时发送到农户手中。

4.强化监管，推进落实

建立调度制度。一月一调度，季度一碰头，半年一小结，及时掌握进展情况。对实施进度较慢的地区，开展重点督导。在关键农时组织省际间、县际间交叉督导，推动措施落实。**加强资金监管**。湖南省安化县落实合同制、招标采购制、公示制、审计制"四制"管理，防止出现挤占挪用资金情况。重庆市奉节县引入第三方监理，监督项目实施、质量标准、物资招标等环节，确保资金使用安全。**加强监测评价**。今年，在试点县布设监测点近3 000个，采集土壤、有机肥、农产品样品4 700多个。开展产地环境、产品质量、投入品使用调查，跟踪肥料用量和土壤质量状况，科学评估实施成效。

（二）实施成效

1.建立有效的组织方式

针对有机肥施用中存在的困难和问题，各地积极探索推进落实的工作机制。**责任到县**。

试点县成立由政府主要负责同志任组长的推进落实组，协调人力、物资、资金等，把任务和要求细化到乡镇。乡镇具体实施，将试点任务落实到主体、分解到园区。**集中连片**。试点县都选择果菜茶优势区域、核心区域，集中连片打造，形成规模效应。其中，苹果、柑橘园都超过1万亩，茶园超过5 000亩，设施蔬菜基地超过1 000亩。湖南省宜章县、河南省扶沟县还实施整乡镇推进。**主体参与**。各试点县充分发挥新型经营主体的引领作用，通过竞争性遴选的方式，让一批有意愿、有技术、有实力的种植大户、专业合作社、龙头企业承担试点任务。

2.集成高效技术模式

各地结合当地肥源条件和果菜茶需肥特点，集成组装类型多样的有机肥替代化肥技术模式，为大面积推广应用提供了支撑。**一是"有机肥+配方肥"模式**。在水果、设施蔬菜、茶叶优势产区，推广配方施肥，增施有机肥，减少化肥用量。试点县项目区实施"有机肥+配方肥"技术模式144万亩。福建省安溪县采用"有机肥+配方肥"的万亩示范茶园，化肥用量减少20%以上。**二是"果（菜）-沼-畜"模式**。在水果优势产区和设施蔬菜集中产区，依托种植大户和专业合作社，与规模养殖相配套，建立沼气设施，将沼渣沼液施于果园、菜园。试点县项目区实施"果（菜）-沼-畜"技术模式28万亩。陕西省白水县5 000多亩苹果实施"果-沼-畜"模式，施用沼渣沼液近20万吨。**三是"有机肥+水肥一体化"模式**。在设施蔬菜、柑橘产区，结合增施有机肥，推广滴灌、喷灌等水肥一体化技术，提高水肥利用效率。试点县项目区实施"有机肥+水肥一体化"技术模式26万亩。河北省平泉县在两个设施蔬菜千亩示范园应用"有机肥+水肥一体化"技术，化肥利用率提高近10个百分点。**四是"有机肥+机械深施"模式**。在山区茶园果园推广有机肥机械深施技术，减轻劳动力成本、减少肥水流失。试点县项目区实施"有机肥+机械深施"技术模式21万亩。重庆市永川区在茶园项目区实施"有机肥+机械深施"技术模式9 400多亩，亩节省劳力10个工以上，实现了成本降低、产量提高、品质改进。此外，各地还因地制宜推广了秸秆生物反应堆、自然生草覆盖、绿肥还田等技术模式。

3.创建绿色优质产品生产基地

各地结合推进质量兴农、品牌强农，以有机肥替代化肥为抓手，加快建设绿色优质产品基地，着力创响有影响力的知名品牌。**建立一批绿色产品基地**。试点县都是果菜茶的优势产区，生产基础较好、规模较大，已建设了一批水平较高的优质产品生产基地。2018年，各试点县优选了500多个果菜茶生产基地，率先开展有机肥替代化肥和病虫害全程绿色防控，用健康土壤和绿色方式生产优质产品。农民讲，基地的苹果品质好，价格比普通苹果高一倍。**创响一批绿色知名品牌**。试点县大作有机文章，大打绿色品牌，效果明显。据统计，150个试点县项目区共有"三品一标"品牌2 000多个。安徽省在祁门县、金寨县、桐城市3个试点县建设生态有机茶园，将有机茶作为"卖点"，进一步提升了"祁门红茶""六安瓜片""桐城小花"三大徽茶品牌的内在品质和商品价值。四川省丹棱县创响了"丹棱不知火"柑橘品牌知名度，项目区柑橘收入增加近两成。

4.构建有机肥利用的政策框架

各地积极探索政策扶持的实施形式，引导农民和新型经营主体增施有机肥。**一是政府购买服务为主**。目前，龙头企业创办的品牌基地施用有机肥较普遍。针对小农户和部分种植大户施用有机肥自觉性不高的现状，今年多数试点县采取政府购买服务方式，与有机肥企业、规模化养殖场、种植大户、服务组织签订协议，统一开展专业化服务，较好地解决了一家一户有机肥积造难、运输难、施用难的问题。**二是施用补助为辅**。对一些有机肥肥源较远、积造不便的山区果园茶园和城市近郊菜园，采取现金补贴或物化补贴的方式，按照每亩200～400元标准，对农民施用商品有机肥、生物有机肥予以适当补助，调动了农民增施有机肥的积极性。

通过一年的试点，果菜茶有机肥替代化肥的经济生态社会效益初显。主要是"两减两提"。**一是减少化肥用量**。据初步统计，试点县项目区化肥用量减少3万吨（折纯），比去年减少15%以上。**二是减轻农业面源污染**。通过有机肥的资源化利用和化肥减量，减少了畜禽粪便污染和氮磷流失。专家测算，试点县项目区减少的化肥用量，相当于减少氮磷流失0.6万吨（折纯）。**三是提高资源利用水平**。通过就地就近利用畜禽粪便、沼渣沼液、秸秆尾菜等有机肥资源，打通了农业废弃物循环利用的"通道"，实现"污染源"向"资源"的转化。据初步统计，试点县项目区施用有机肥664万吨（实物量），比去年增加24.8%，相当于消纳畜禽粪污4 000多万吨。**四是提高土壤质量**。通过增施有机肥，改善了土壤团粒结构以及通气性、透水性等理化性状，增加了土壤有机质含量，提高了土壤养分质量。

（农业农村部种植业管理司　徐晶莹　全国农业技术推广服务中心　徐洋）

第七篇
多元农业技术推广服务

中国农业大学：
打造科技小院农技推广服务新模式

2018年，中国农业大学资源环境与粮食安全中心在学校和各级地方部门支持下，利用在全国23个省（市）建立的科技小院，组织教师、学生常驻科技小院，与农民同吃、同住、同劳动，围绕科技小院所在地区主导农业产业发展中存在的"卡脖子"技术问题，走进农民田地，在农民帮助下开展研究。在研究的同时，利用所建立的科研与推广、科技人员与农民、高校与地方的紧密结合的科技小院村域推广体系，高校、地方、企业联合，本着"四零"（零距离、零时差、零门槛、零费用）原则，积极参与所在地区农业技术推广，在推广农业绿色增产增效技术、产品的同时，积极参与各种形式的农民培训，组织田间观摩，培养农民科技骨干，取得明显效果，推动绿色高产高效农业生产技术应用，促进农业增产、农民增收、环境保护、生态友好。科技小院农业技术推广模式得到社会各界积极评价。

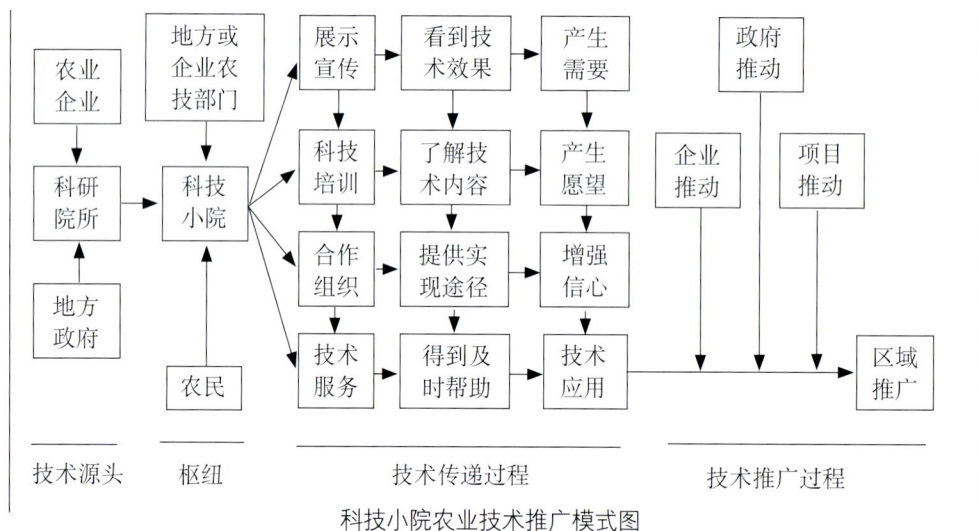

科技小院农业技术推广模式图

（一）科技小院推广模式

科技小院围绕如何改变农民这一农业生产和技术应用主体的行为开展农业绿色高产高效技术、产品、装备的示范推广，其主要做法和流程如下。

1.通过建立科技小院展示科技成果

科技小院通过组织科研院所科研人员和地方（企业）农技人员建立深入农村一线的科技小院，实现与农民、农业和农村的"零距离"。在此基础上，针对农业技术需求，研究、引进适应所在地区农业主导产业发展的新技术，通过在农民田间建立核心示范方法集中展示和宣传技术，让农民看到技术实实在在的增产增效效果，有了"眼见为实"的感受，从而对技术本身产生兴趣。

2."四零"科技培训体系凸显技术可行性

通过摸索建立以"零距离、零门槛、零费用、零时差"为主要内容的"四零"农民科技培训体系，以及曲周特色的农民田间学校，开展多种形式的下村入户"面对面"农民科技培训和建立多元化的农业技术传播方式，让农民真正了解、理解并掌握技术，从而产生应用技术的强烈愿望；通过科技小院人员长期驻村与群众"零距离"接触，给群众提供及时服务和帮助，增强了他们采用技术的信心，同时通过建立多元化的农业生产组织方式（如支持农业种植合作社和农机合作社发展，建立以"大方操作"为基本形式、"土地不流转，也能规模化"为特点的多元化农业规模化生产模式）和技术服务方式，让农民看到技术实现的可能性，进而做出应用技术的决定。

3."双高"技术服务模式助力技术应用

通过建立田间面对面指导服务、科技喇叭服务和科技农民服务等多种"双高"技术服务模式，在生产过程中为农民提供"面对面""手把手"的服务，促使农民将技术真正加以应用，有效提高技术到位率，产生增产增效的效果。

4.多元主体促进技术示范推广

通过采用技术的农民的示范带动作用，以及政府、项目和企业的合力，推动技术由点到面扩散，实现大面积示范推广。

5.创新农业技术推广模式

2018年，全国科技小院网络在原有基础上不断创新农业技术推广的模式。例如，四川丹棱科技小院研究生探索了"科技小院+移动互联网"农业服务模式，利用移动互联网将柑橘种植大户组织起来，采用信息实时发布、现场观摩视频、授课和互动等方式，推广新技术，得到广大果农欢迎。河北滦南和河北曲周科技小院与中国电信等合作，建立了基于SMS的农业信息化服务推广模式，广泛采用短信方式服务大量农户，取得明显效果。

（二）科技小院主要推广技术内容

1.科技小院推广作物种类

2018年，全国科技小院网络依托各个科技小院开展农业技术推广活动，涉及的农作物种类包括冬小麦（河北、山东、河南）、夏玉米（河北、山东、河南）、春玉米（吉林梨树）、寒地水稻（黑龙江建三江）、苹果（河北曲周、陕西洛川、河北滦南）、露地葡萄（河北曲周）、保护地葡萄（河北曲周）、香蕉（广西金穗）、火龙果（广西金穗）、黑皮冬瓜（广东佛山）、澳洲坚果（西双版纳）、西瓜（河北曲周）、蜜柚（福建平和）、柑橘（四川丹棱、蒲江）、金丝小枣（山东乐陵）、莲雾（广西防城港）、甜叶菊（河北曲周）、桃（北京平谷、河北深州）、牧草（河北滦南）、菜豆（河北沽源）、马铃薯（河北沽源）、菠萝（海南琼海）、猕猴桃（四川成都）、辣椒（河南临颍）24种；涉及的养殖业种类包括猪（河北丰宁）和鸡（河北曲周）。

2.科技小院推广的技术

2018年，全国科技小院网络推广的农业技术包括全国不同地区24个农作物的绿色高产高效生产综合技术模式。这些技术综合集成了主要作物优良品种选用、土壤耕作与培肥（如秸秆全量还田、有机肥替代化肥、玉米条带耕作、酸化土壤调控、果园生草）、测土配方施肥（中微量元素调控、水稻测深施肥、春玉米启动肥、水氮后移、缓释肥应用、水肥一体化、叶面喷肥、叶片营养诊断）、精播技术（小麦、玉米等）、保护地生长环境调控技术、健康种苗培育（水稻旱育秧，茄果类蔬菜穴盘育苗、西瓜嫁接）、病虫草害综合防治（如菜豆炭疽病防治、果园病虫害物理防治、果园园艺地布覆盖、春草秋治技术、香蕉枯萎病、线虫防控技术）、采后处理技术

（香蕉气调催熟技术等）及其他针对性的技术（如保护地果树破眠促生技术、防裂果技术，火龙果补光、菜后处理、基质覆盖、高温防晒、低温防寒技术，金丝小枣推迟开甲技术，苹果壁蜂授粉技术等），一些农业机械化技术（无人机喷药技术、玉米高地隙追肥技术）也得到应用。

养殖方面主要推广蛋鸡（河北曲周）和育肥猪（河北丰宁）全程绿色生产综合技术模式，包括绿色、低蛋白饲料生产应用、饲舍氨减排、粪便酸化密闭存放、畜禽粪便高温好氧堆肥等技术，推动种植养殖业循环发展，推动养殖业增产增效。

同时，积极探索智慧农业、信息、物化和全程机械化等技术在农业生产中的应用。河北滦南科技小院研制苹果等作物有机肥，四川龙蟒科技小院与龙蟒集团合作研发系列作物专用复合肥，河北曲周科技小院与心连心合作应用田间脲酶抑制剂氮肥实现农田氨氮减排，云天化科技小院群与云天化集团研发多种作物专用肥。河北曲周等地科技小院通过县域、镇域网格化测土结果，提出适合当地农作物生产的专用肥配方，通过智能配肥机生产供应农民。河北曲周、河北滦南等地科技小院，将智慧农业技术（传感器采集数据、互联网传输数据、图像识别诊断作物营养、田间生长动态可视化监控等技术）应用到小麦、大棚葡萄生产中去。河北曲周、山东乐陵、河北徐水等科技小院采用卫星遥感、无人机遥感等手段进行小麦春季氮营养诊断并据此提出施肥措施。黑龙江建三江科技小院采用卫星遥感、无人机遥感等手段进行寒地水稻氮营养诊断和施肥推荐。

（三）科技小院工作成效

1.助力所在地区主导产业发展

2018年，全国科技小院网络围绕科技小院所在地区主导产业开展的农业技术推广服务取得了明显的成效。先后推广应用了24个农作物绿色增产增效综合技术模式和猪、蛋鸡全程绿色生产技术模式。涉及30多个单项技术、20多个农资产品、6种新型农业机械和多种信息化手段。先后示范推广160多万亩，取得经济效益2亿元以上。

2.农民培训活动促进技术应用

2018年，全国科技小院组织各类田间观摩会17场，累计参观农民1 530人次；开展面对面农民培训540多场，培训农民近2万人。2018年1～2月在河北省曲周县开展的"村村宣讲十九大、农技知识送农家"活动，面对面农民培训342场，惠及群众8 504人。农民科技培训不仅提高了农民的科技文化素质，夯实了农业科技基础，而且推动了各项农业技术的应用。2018年，全国科技小院网络共编写各类作物的技术手册2部，编写农民培训教材13套，建设科技长廊4处。因科技小院在农技推广、精准扶贫中的贡献，2018年张福锁院士荣获全国脱贫攻坚奖创新奖。

3.农业技术推广服务工作意义深远

科技小院农业技术推广服务方面的工作先后被各级媒体报道23次，得到社会各界广泛关注。科技小院实现了育人、科教以及社会服务三个方面的创新，解决了科研人员与农民脱节的问题，提高了技术到位率，取得农民增收、农业发展的成绩，得到政府、企业与农民的认同。与此同时，研究生进入到基层一线，在小院既是学生，又是教师、农民、农技员、挂职干部，和农民一起做试验、研究技术，将科研成果发表在国际顶尖期刊上，实现理论与实际相结合、学习与实践相结合，科研能力、实践技能、综合素质和"三农"情怀全面提高。科技小院探寻了农业技术推广的新模式，拓展了农业科研和技术创新的新思路，加快了社会主义新农村建设，促进了农业农村生产发展。

（中国农业大学　李晓琳）

南京农业大学：
创建"两地一站一体"链式农技推广新机制

南京农业大学以蔬菜与生猪产业为主线，联合江苏省农业技术推广总站、江苏省畜牧总站、扬州大学、江苏省农科院和昆山市、泰兴市等8个县（市、区）农技推广部门、相关乡镇及新型农业经营主体的力量，建立产业技术协同推广联盟，成立联合专家服务团队，构建农技推广机构、科研教学单位、新型农业经营主体、社会化服务组织等多元主体，合力开展农技推广服务的组织模式，完善"科研试验基地＋区域示范展示基地＋基层农技推广站点＋新型农业经营主体"的"两地一站一体"链条式技术推广机制，促使专家教授走下去、农技人员能力提上来，促使重大技术和体系落实落地，加快农业重大技术推广应用，提高农业优势特色产业科技含量和附加值，延伸产业链，提升价值链，为推进农业供给侧结构性改革和绿色高质量发展提供有力支撑。

（一）主要做法

1. 成立多元主体参与的产业技术协同推广联盟

建立了由南京农业大学、江苏省农业技术推广总站、江苏省畜牧总站、扬州大学、江苏省农科院、县（市、区）农技部门推广部门、新型农业经营主体、社会化信息服务主体等农科教企单位组成的产业技术协同推广联盟，目前分别在实施县市区建立推广联盟7家，吸收社会化服务企业参与项目实施。

2. 建立"自上而下"的农技推广系统

基层农技推广服务站点是农技推广"最后一公里"的有力支撑。南京农业大学按照江苏省农业农村厅的有关要求，在区域示范基地的专家指导站指导下，在下一级乡镇建立2～3个专家工作室，工作室由产业技术专家组织地方农技推广专家、技术人员，开展技术实施。这些专家或来自南京农业大学、或来自江苏省农技推广总站、或来自扬州大学，力量充足。当前，南京农业大学已建立7个专家指导站、16个专家工作室，并有特定的队伍专门服务固定区域示范基地与乡镇。

3. 创新推广方法，集聚多元力量于信息化平台

南京农业大学"双线共推"科技推广模式，以新型经营主体为中心，集聚学校科研资源，以网络信息平台为基础结合江苏省级农业科技服务云平台"农技耘"APP，以项目专家与新型经营主体之间的协作与交流为途径，建立高校跨区域农业技术推广新模式。下载登录"农技耘"和"南农易农"两个手机APP，用户可以收看视频、微课，与相关领域专家在线交流，了解农业技术、病虫害诊治、农业市场开发等多种知识。APP应用打破了地域的限制，实现了农技推广工作适应性与高效性。

（二）取得成效

1."两地一站一体"模式探索不断深入

南京农业大学结合江苏农业发展实际，进一步实践"两地一站一体"链条式大学农技推广模式。南京农业大学白马科研试验基地为"一地"，负责新品种、新技术的试验，是成果的资源库；位于县（市、区）的示范推广基地（专家指导站）负责根据产业需求从试验基地调取成果进行展示、推广；乡镇一级的推广服务站点（专家工作站）则进一步将配套的技术等向新型生产经营主体（联盟）或小农户传授、指导，使其转化为农民田里的"成果"。在实践"两地一站一体"模式的过程中，南京农业大学探索"两地"间、"两地"与"一站"间的资源支持、利益联结机制，凝练多主体"队伍、平台、重大技术"等方面协同模式，具有一定的可复制、可推广价值。

队伍协同方面，组建以"学校产业首席+（多元推广主体）产业专家+基层农技推广人员"的农技推广队伍；形成南京农业大学、江苏省农业技术推广总站、江苏省畜牧总站、扬州大学、江苏省农业科学院、农业农村部南京农业机械化研究所等6家"科研院所+推广总站"协同，聚集南京市等6个地级市、6个县（市、区）与15个乡镇的农业技术骨干力量。平台协同方面，在农产品主产区建成若干区域示范基地，承接科研试验基地熟化形成的轻简化、实用化技术，专家工作室具体落实建于示范基地的专家指导站下达的任务，作为基层农技推广站点，直接服务新型农业经营主体与小农户。重大技术协同方面，涉及产业链产前、产中、产后的29项技术。

2. 协作机制持续完善

（1）"双小组双首席"制度

组建以实施单位主要领导负责的项目**领导小组**和主要产业技术专家组成的**技术小组**。项目团队组建以南京农业大学专家与江苏省农业技术推广总站（或省畜牧总站）专家为**双首席**的推广团队。实践证明，"双小组双首席"制度有利于统筹推广单位各相关部门与全省各级农技推广力量，大大节省沟通成本。

（2）沟通联络机制

科研试验基地由首席负责，区域示范基地依托专家指导站开展技术实施与日常管理工作。多主体建立工作交流微信群，及时发布工作动态，根据工作进度定期或不定期开展沟通会，现场沟通项目实施中的要素信息。目前已建有的7家推广联盟，均为沟通机制实践的成果。

（3）责权利清晰的"分工-合作"制度

项目双首席按任务分解到各个基地，明确各产业专家责任，将任务分工落实到人。打破单一专家能力、单一基地资源等局限，产业链、平台、队伍的协同，将多主体紧密连接在一起。各基地分别与参与专家（及其单位）签订专家协议，尤其明确约束性指标，用以约束、激励不同主体、不同个人。

3. 信息化手段提升推广效率

充分利用线上"农技耘"APP、"南农易农"APP、协作组内部QQ群、微信群、体系微信公众号和公共邮箱等6个以上的信息化服务平台，通过及时线上交流、答疑解惑、主动推送应时技术，以及线下及时开展实地指导、技术培训和现场观摩，形成"互联网+农业技术推广"的线上线下共推的综合服务体系，有效保障了农业技术推广渠道的畅通。截至2018年底，蔬菜项目团队"南农易农"APP推广注册人数达到500人以上，提供线上当前农事及实用技术信息达220条。在生猪产业遭受非洲猪瘟疫情影响的特殊阶段，发挥了信息化服务平台的独特优势。充分发挥"科研高校+地方推广体系"协同力量，通过"农技耘"APP、"南农易农"APP发送专家指导方案10余次，发布生猪养殖及非洲猪瘟疫病防控及节能节水减排设备推广微课4个，叶菜优质安全快速高效生产技术推广讲座1个，生猪复养工作要点视频直播1次。生猪产业方向专家一对一回复用户提问105条，蔬菜产业方向专家一对一回复用户提问103条。

4.社会效益和经济效益突出

截至2018年底，蔬菜产业推广品种11个，推广新技术18项，新模式4项，举办各类技术培训25场次，培训人员800人次以上。示范推广小白菜、空心菜、芹菜（包括水芹）和萝卜等蔬菜全程绿色生产技术总计3 340亩，同时向周边乡镇辐射推广，带动周边蔬菜绿色生产9 700余亩。生猪产业以省生猪产业技术体系为依托，通过项目建设的产业联盟及区域示范基地推了了11项生产技术，推广粪尿综合资源化利用模式共计6个，联合多主体专家在淮安、涟水、射阳、泰兴培训5场次，累计培训人员600余人次，发放培训资料约600册。在淮安涟水县，区域示范基地振康生猪养殖场，经过建设目前拥有猪舍10 000平方米，后备母猪1 000头，年饲养出栏量20 000头。在非洲猪瘟肆虐的大环境下，专家通过线上+线下形式指导非洲猪瘟的生物安全防控工作，取得较好效益。一年多时间，获得利润400万元左右。秉承区域生态循环农业的理念，南京农业大学在泰兴市成立了生猪和蔬菜产业推广联盟，逐步形成种、养新型经营主体有组织抱团发展趋势。依托江苏洋宇生态农业有限公司作为区域示范基地，推进尾菜高效利用、粪尿综合资源化利用等多种模式，实现种养协同、绿色发展。

（南京农业大学 王克其）

中国农业科学院：
集成推广绿色提质增效技术

中国农业科学院认真履行农业科研"国家队"的职责使命，积极贯彻落实习近平总书记"三个面向"指示精神，面向国家重大产业技术需求和现代农业主战场，充分发挥科技、人才、成果等优势，以加快农业科技成果转化和服务"三农"为目标，组织开展绿色提质增效技术集成研究与示范，推广应用新品种、新技术、新产品等科技成果，加大技术培训等科技服务活动，有效提高了基层农业生产技术水平，为保障国家粮食安全、农业绿色高质量发展、脱贫攻坚和乡村振兴提供了强有力的科技支撑与服务。

（一）主要做法

针对我国区域农业发展重大技术需求和关键技术瓶颈，围绕"一控二减三基本"发展战略和农业高质量发展要求，组织全院相关研究所开展技术集成创新与示范，开展了水稻、玉米、小麦、大豆、油菜、蔬菜、马铃薯、棉花、茶叶、瓜果、奶牛、羊、生猪、肉鸭14个产业绿色提质增效技术集成研究与示范工作，研究取得良好增产增效和绿色生态效果，为现代农业产业发展提供了技术支撑和储备。

1. 通过协同攻关构建一批绿色发展综合技术方案

组织院内26个单位、56个团队、503名科技人员，院外260个单位、2 800人加盟协同攻关，共集成国内外先进实用技术184项，构建适合不同区域生态条件的农业绿色发展综合技术模式53套；在27个省（市区）建立示范基地160个，面积44万亩，辐射带动2 890万亩，示范畜禽2 700万头（只），完善了协同攻关网络，形成了一系列不同区域农业关键问题优化解决方案，有效提升了科技创新与成果转化能力。

2. 举办一系列现场观摩会

在粮食主产区和农产品特色优势产区，举办各种形式各类规模的现场观摩会44场。农业农村部等有关领导、地方政府各级领导、农技推广人员、种养大户等4 300多人参加了观摩，充分展示综合技术模式的引领作用，促进科技与生产的对接，带动区域农业的发展。国家以及地方各级媒体集中报道了现场会活动情况，产生了良好的社会影响。

3. 开展培训和咨询服务活动

2018年共组织科技下乡6.8万人次，举办科技培训和技术咨询活动8 300多场次，培训各类技术人员、种养大户、新型农民82万人次，发放技术资料76万份，有效提升了基层农业生产技术水平。在广西昭平建立"茶叶科技特派员工作站"，在茶园全程机械化、施肥、虫害物理防控等方面开展广泛的技术培训和技术推广等服务工作。针对各地烟叶种植实际需要，在全国23个产区开展技术培训200场次，重点培训专业大户、家庭农场、农民合作社、企业、农业社会化服务人员和返乡农民工10万人次。结合研究与示范工作，专家团队还开展了农业发展战略研究，向农业农村部等上级部门和地方政府提出了8项有关农业产业发展战略咨询建议，为上级部门和地方政府农业发展决策提供了科学依据。

（二）取得成效

2018年共推广新品种325个，推广新产品836个，推广新技术234项，推广总面积4.6亿亩，推广畜禽新品种及相关成果3.6亿头（羽），有19项技术被农业农村部纳入农业主推技术，有效增加农民收入，促进了农业转型升级。

1.示范推广一批新品种

在陕西、山西、河南、河北、甘肃等地示范推广小麦新品种"中麦36"，平均亩产356.3千克，增产12.6%。在长江流域区试水稻10组106个品种，生产试验3组17个品种。推广玉米品种"中单909"800万亩，"中单808"200万亩，增产30万吨，增收4.8亿元。推广大豆"中黄"系列品种196万亩，平均每亩增产10千克，增加经济社会效益7 800多万元。推广油菜"中双11""中油杂19"等品种15个900万亩。在河北省大面积推广"中薯"系列马铃薯新品种，"中薯5"亩产超过5 000千克。推广桃、苹果、葡萄、猕猴桃、梨、石榴、西瓜、甜瓜等瓜果新品种82个，累计面积75万亩，直接经济效益4亿元。推广"中畜草原白羽肉鸭配套系"父母代种鸭300万只，生产商品代雏鸭6亿只，市场占有率20%以上，新增经济效益2亿元。中试"金陵黑凤鸡配套系"父母代种鸡27.3万套，推广商品肉鸡3 400余万只。推广大通牦牛育种核心群54群25 000头，年供种能力2 200头。推广高山美利奴羊9.1万只，改良细毛羊700多万只，新增效益近16亿元。

2.示范推广一批新产品

在河南示范推广专利技术产品新型多功能增效肥料"金肽能"150万亩，减少氮肥施用量17%。在黑龙江、吉林推广"麻育秧膜在水稻机插育秧中的应用"技术，示范800万亩。在苹果产区推广自主研发的苹果树腐烂病高效防治菌剂2万余亩，防治有效率达98%。推广"梨果早优宝""座瓜灵""红提大宝""噻苯隆"等植物生长调节剂和"康富铁""活力钙"等小分子肥料产品12.6万亩，创直接经济效益1.26亿元。推广防病生物有机肥和杀线虫生物制剂"淡紫拟青霉菌剂"系列产品7万亩，增产15%。推广生物农药植物免疫诱抗剂"阿泰灵"1 000万亩，创经济社会效益8亿元。在浙江、江苏推广"无人驾驶自动导航低空施药技术装备"，应用2万多亩，每亩增收节支150元。在江苏推广"节水灌溉技术装备"，应用5 000多亩，创经济效益1 000多万元。推广全量秸秆免耕播种系列装备1 800多套，作业面积40多万亩，节本增效4 000多万元。

3.示范推广一批新技术

在辽宁、安徽等9省推广应用"基于无害化微生物发酵养殖废弃物全循环技术"，覆盖300余家企业，处理40万头猪粪污，生产有机肥32万吨，新增经济效益1.2亿元。推广"大豆麦茬免耕覆秸精量播种栽培技术"40万亩，增加经济效益3 200万元。在内蒙古、河北示范"玉米秸秆榨糖收贮"7 000亩，获经济效益575万元。"油菜毯状苗机械移栽技术"被农业农村部确定为十大引领性技术，在安徽、江苏、四川、湖南、湖北5省开展规模化试验示范。在北京、河北、西藏等地示范推广"设施主要蔬菜基质栽培水肥一体化精准高效智能管理"和"设施生食果蔬生态基质无土栽培高品质稳定生产"技术，减少大中量元素用量30%，减少微量元素90%，降低成本40%，节水30%，节肥25%，省工50%，产量提高20%。示范茶园病虫害无人机飞防76 000多亩，其中生物农药的飞防面积近40%，防治效果达到95%。

在辽宁、河北、山东、云南、贵州和新疆等地推广设施果树现代生产技术50余万亩，新增经济效益10亿元。牦牛犊牛早期断奶技术、优质乳标准化技术、肉牛全基因组选择分子育种技术、白羽肉鸡全基因组选择技术、优质青贮行动（GEAF计划）集成技术等得到广泛应用，取得显著成效。

4.显著提高农业生产效益

种植业平均增产26%，节水38%，节肥22%，节药35%，平均每亩节本增效448元；养殖业节本增效32%。构建了8套绿色发展技术模式，每亩增产142.8千克，节本增效260元；建立玉米核心示范区9 840亩，集成9项关键技术，增产10%以上，减施化肥和农药15%以上，每亩节本增效120元。建立12个奶牛示范基地，集成8项关键技术，牛奶产量提高了78.3%，饲料转化率提高了66.7%，生鲜乳质量显著提升；示范羊80多万只，集成27项关键技术，羊产羔率提高39%，羔羊平均日增重103克，每只羔羊增收180元。

（中国农业科学院　张银定）

湖北省农业科学院：
积极投身农技推广服务主战场

湖北省农业科学院是湖北省人民政府直属的省级农业科研机构，全院现设有粮食作物、经济作物、植保土肥、畜牧兽医、果树茶叶、农产品加工与核农技术、农业质量标准与检测、生物农药、中药材和农业经济10个研究所（中心）。近年来，湖北省农业科学院制定出台激励政策，创新工作机制，积极投身农技推广服务主战场，推广新品种、新技术、新模式201项，服务面积5 300万亩。其主要做法和成效如下。

1. 制定相关政策激励科技人员积极投身农业科技推广服务主战场

湖北省农科院专门设立了成果转化处和科技推广服务工作机构，出台《关于进一步促进科技成果转移转化的实施意见》，修订《省农科院专业技术三至七级岗位管理实施细则（试行）》，将成果转化和科技推广服务作为科研岗位评价的重要指标，将从事成果转化和科技推广服务的科技人员单独进行评价。在2018年度综合考核中，明确将成果转化、技术服务作为重要职能目标进行考核，权重占到18%，考核结果将作为评定综合奖、发放奖励性补贴的重要依据。农科院常年有一大批科技人员奋战在农业科技社会化服务一线，2015年以来，农科院晋升高级职称的56名科技人员中，全部都有参与成果转化和推广服务的工作经历。2018年，21人获得全省优秀科技特派员称号。畜牧业健康养殖技术和蔬菜"三减三增"健康栽培与加工技术两个项目被列入湖北省农业科技协同推广计划，获得3 500万元财政资金资助。

2. 整合力量积极构建农业科技创新、成果转化和推广服务体系

(1) 整合科技力量，集聚智力资源

经湖北省委、省政府同意，湖北省农业科学院牵头成立湖北省农业科技创新中心，是国内较早投入实质性运行的省级农业科技创新中心。有效整合了省农科院、武汉大学、华中农业大学、中国农科院油料研究所以及市州农科院等全省19个农业科研单位的科技力量，打破了区域、单位和学科界限，集聚了近5 000人的农业应用研究及示范推广队伍，探索了农业科技创新资源整合集成的新路子。

(2) 组织成立科技创新联盟

随着新型农业经营主体对技术的渴求越来越强烈，在科技创新和示范推广中的作用越来越重要，2015年在农业部科教司和国家农业科技创新联盟的指导下，在省创新中心的基础上，吸纳了一批重点农业龙头企业，由省农业厅、省农科院牵头，组织成立了湖北省农业科技创新联盟，打造创新中心的"升级版"。截至2018年底，省创新联盟理事单位达到194家，其中农业龙头企业、专业合作社、种养大户147家。

（3）搭建农业科技成果转移转化和农业技术推广服务平台

针对基层农技推广服务机构改革出现的新情况，湖北省农科院主动担当，积极作为，与地方政府合作，搭建农业科技成果转移转化和农业技术推广服务平台，解决农业科技成果转化和农业推广技术服务"最后一公里"问题。农科院每年拿出一定经费支持，与地方政府共建7个省农科院市州分院、28个县（市、区）农业科技专家大院，建立和完善"省院-市院-专家大院"纵向型农业科技成果转化和农业技术推广服务体系，打通成果技术下移、下沉通道。农业科技专家大院设有专家咨询室、农技"110"热线值班室、分析诊断室、电教培训室、图书资料室，聘请岗位专家，有管理办法，有经费，有任务，每年签订目标责任书，年底进行考核。

3. 开展农业科技"五个一"行动促进农业科技推广服务落到实处

2015年底，湖北省农科院向湖北省委省政府提议，在全省范围内组织开展农业科技"五个一"行动。联合全省及中央在鄂农业科研教学推广单位，把农业生产中急需解决的技术难题作为研究内容，开展一百项重大农业科技项目研发；与一百家以上农业龙头企业深度合作，开展新品种、新技术、新模式试验示范推广；进驻一千多个村进行科技培训和科技服务，提高农民科技意识和科技素质；深入大别山、武陵山、秦巴山、幕阜山"四大片区"万户农家开展精准扶贫精准脱贫工作；培养一千名以上农业科技精英和基层农业科技推广服务人员、新型农业经营主体带头人和新型职业农民。2016年3月，湖北省政府办公厅印发《关于转发〈农业科技"五个一"行动实施方案〉的通知》，2017、2018、2019年连续三年农业科技"五个一"行动作为重要内容被写入湖北省委1号文件和省政府工作报告。农业科技"五个一"行动作为重要举措被纳入湖北省乡村振兴战略规划，成为湖北省"十三五"乃至更长一段时期农业科技工作的重要举措。

农业科技"五个一"行动得到了有关省直部门积极支持、全省各地方政府积极响应和广大群众积极参与。从开展以来，全省共有500余批次、3000多人次农业科技人员，深入13个市州40个县市970个核心村299家农业企业，通过开展"科技闹春耕""科技活动周""国家扶贫日""农民丰收节""文化科技卫生三下乡""聚力脱贫攻坚，人大代表在行动""院企对接会""科惠网企业高校院所行""科技防灾、抗灾、救灾"等活动，举办科技服务培训1270场次、培训农民11.81万人次，培养800名农业科技精英和8100多名基层农业科技服务人员、新型农业经营主体带头人和新型职业农民。支持襄阳市成为"百亿斤"粮食大市，助推潜江虾稻产业迅速做强做大，将枝江市全域建成现代农业科技综合示范区，打造了"国宝桥米""福娃大米"中国名牌。建档帮扶9672个农户，助推3.1万人脱贫。

4. 充分发挥新型农业经营主体在农业科技推广服务中的重要作用

新型农业经营主体科技意识强，接受和推广农业科技能力强、效率高。湖北省农科院与全省299家新型农业经营主体合作，通过建立成果试验示范基地，展示新品种、新技术、新模式，提供可学习、可复制的模板，加强农业科技推广。湖北省农科院经济作物研究所为了把农业科技推广普及到山区农户家，在海拔1500多米的恩施利川南坪蔬菜专业合作社建立了100多个辣椒品种展示园，在海拔1800多米的宜昌长阳火烧坪高山蔬菜专业合作社建立甘蓝、萝卜等品种种植示范园，每年召开现场观摩会，邀请周边菜农看苗选种，学专业合作社种植模式，较好地带动贫困山区高山蔬菜产业发展。湖北省罗田县骆驼坳镇徐家湾村，是湖北大别山区一个贫困小山村。2003年，罗田女青年刘锦秀返乡创业，成立湖北名羊农业科技发展有限公司，立志带领大别山贫困父老乡亲，靠养黑山羊脱贫致富。然而由于技术瓶颈问题，产业发展多年停滞不前。2015年，湖北省农科院向刘锦秀伸出了科技服务之手，与企业共建大别山黑山羊研发中心，派"博士服务团"成员任公司科技副总，多个学科团队协同，开展种羊提纯复壮、发展板栗林下种草养羊模式、利用冬闲田种草、研发干草颗粒饲料、制订和实施大别山黑山羊生态养殖技术规程、羊肉精细分割和深加工标准等，一一破解产业发展瓶颈，不断提高羊肉品质和产业发展附加值，使得大别山黑山羊成为名副其实的"致富羊"，带动172户贫困户通过养殖大别山黑山羊稳定脱贫。湖北名羊农业科技发展有限公司董事长刘锦秀作为罗田产业扶贫的"领头羊"，受到习近平总书记接见。

（湖北省农业科学院　黄立清　关健）

中化集团：
搭建现代农业技术服务平台

　　中化集团是国有重要骨干企业，下设能源、化工、农业、地产、金融五大事业部。中化农业负责集团农业业务整体运营管理，拥有中国种子、中化化肥、中化现代农业三大业务平台，并依托扬农化工、先正达、安道麦开展农药业务。近年来，中化农业以现代农业技术服务平台（MAP）战略为核心，着力打造线下线上相结合的现代农业服务平台。在线下布局全国主要农产品核心优势产区，打造MAP技术服务中心和示范农场，实现"做给农民看，带着农民干"；在线上打造智慧农业平台，推动农业生产从标准化到精准化再到智慧化的高阶发展。

（一）主要做法

1.种植痛点为导向的技术集成体系

　　科技创造美好农业是中化农业的使命。聚焦市场对品质农产品和农户对专业种植技术需求的核心痛点，将围绕"提质、增效、轻简化"作为MAP技术路线，从挑好品种入手，通过公司研发平台和内外部技术协同加大核心产品、新技术的引入转化，建设示范农场，形成公司核心种植技术方案集成体系，组建专家技术体系为业务开展提供技术支撑。

（1）技术体系建设

　　按照品质提升痛点调研、制订技术方案、农场试验示范展示、新方案升级迭代的方式逐步提炼种植技术，并进行升级迭代。聚焦区域重点作物痛点调研、品质提升的核心问题开展种植技术集成立项37个，其中水稻项目17个、玉米项目12个、小麦等项目10个，推动MAP种植技术提升。主要技术方向包括：三大作物降毒素、提容重配套栽培技术及水稻机直播、玉米机收籽粒、赤霉病综合防控等急需技术，开展同一生态区多中心协同，加快落地推广。全国一盘棋进行试验布置，结合当地情况进行方案确定。技术集成方案制订首先要提炼当地通用种植方案，实现标准化种植。聚焦品质和种植管理痛点，深入调研当地种植户的种植技术和管理水平，找出痛点、重点突破。其次，梳理农户种植技术痛点，制订年度攻关目标，在示范农场进行验证、展示，做好下一年技术储备。最后，通过技术协同加大核心产品和技术的引入转化，形成集成核心技术的种植技术方案。将应用技术研究中心新研发、引进的技术方案植入现有技术方案。

（2）示范农场建设

　　在每个MAP技术服务中心的周围建立3～5个MAP示范农场。MAP示范农场是种植技术方案的试验田，用于积累验证真正适合当地的种植方案；是MAP中心农艺师技术积累的练兵场，帮助每个农艺师练就过硬的技术；也是MAP业务进行示范引流的样板间，通过MAP示范农场，做到"种给农民看，带着农民干"。MAP示范农场设置"5+1"功能区，包括品种筛选区、植保试验区、肥料试验区、农机农艺结合区、品质提升试验区和高产创建区。在示范农场开展年度技术集成立项、试验示范、分析总结。

2. 线上线下相结合的技术推广体系

MAP的本质是线上线下相结合的O2O模式，线上主要通过自己开发的手机应用MAP智农进行农户锁定与技术推广，线下通过属地化的MAP技术服务中心的农艺师进行技术的落地与推广。

(1) 线上部分，MAP智农推广

MAP智农是针对种植户专门开发设计的一套现代农场管理系统。通过对农业大数据的监测与分析，为种植户提供种植管理决策依据，以提高农场管理效率、降低生产种植风险，进而促进农业种植户的增产增收。"MAP智农"目前实现地块可视化管理、农田精准气象、遥感巡田管理、线上农事管理和田间秀功能。经过调研考察，在实际操作运用中，"MAP智农"直击农户痛点，用现代化科技手段帮助农户安排农业生产活动。中化农业全面推广手机应用"MAP智农"，并将它作为线上技术推广的利器。来自沈阳辽中区的陈鹏拥有30多年种植经验，他不仅是种植大户，也是农机手，管理1 200亩土地，"MAP智农"对他来说是一个好工具。在提供农机作业服务时，地块管理功能可以帮助他准确地掌握地块的位置、数量和面积，避免人工测量，省时省力，统筹安排农事作业。通过遥感功能他可以及时了解作物长势状况，根据遥感影像中显示的异常情况精准地进行巡田查看，有针对性的解决问题，大大提升了巡田的效率，巡田时间由过去的2小时一次减少为约30分钟一次。此外，农田气象功能可以预测地块未来两个小时的降雨概率和降雨量，对于异常天气提前预警，大大提高了抵抗恶劣天气影响的能力。为了更广泛地传播农业种植知识、病虫害防治措施等，"MAP智农"设置"田间秀"的功能，农艺师可以通过上传短视频的方式进行种植技术分享与交流。经过不断的打磨和创新，"田间秀"受欢迎度不断提升，优质的短视频内容还会同步上传至今日头条、快手、抖音等媒体平台，用现代信息化传播手段更高效地到达农户，扩大"MAP智农"的影响力。

(2) 线下"服务站"推广

除了线上MAP智农的推广传播，还通过布局乡村服务站的方式为农户提供服务。服务站的设立基于"传统乡村是一个知根知底的熟人社会"的理论，选聘村中有威望并且认可MAP战略的人成为服务站站长。站长是农户与MAP之间的纽带，利用站长在农户中的个人流量，高效快速地推广MAP业务、组织农民培训会议，为农户提供服务。在服务站推广中，根据实践的情况不断完善服务站方案，形成了完整的服务站选聘、日常管理、培训、激励和考核的制度，也涌现了众多不同职业不同背景的优秀服务站站长。中化农业MAP第一家乡村服务站四川邛崃中心新津服务站，自2019年5月16日挂牌以来，共组织46名种植大户召开会议，辐射面积4 000亩。服务站站长向农户推广新型农业种植模式，对接中化MAP解决农户农业生产中遇到的问题，在获得合理酬劳的同时，也收获人生成就感和荣誉感。

3. 内外部资源联动的技术支撑体系

(1) 内外部技术专家团队建设

围绕种植痛点，公司组建包括两院院士、农业部体系专家等在内32位外聘专家团队作为MAP首席专家、技术专家、作物专家。同时，公司加大内部人才培养和认证力度，根据任职资格和职业发展规划，对生产农艺师和推广农艺师进行专项培训。建立区域培训中心和岗位职级体系，制订农艺师专业序列T0～T3人员评聘具体流程和升级、降级规则。对于建立起来

的专家体系，中化农业提供专家津贴、项目经费、荣誉推荐、多元激励等多种方式，保证专业人才价值的实现和业务的引领。

（2）多种形式技术人才成长培训

为了让公司内部技术人员更好提升业务水平和技术应用能力，公司组织多种内部培训、评比活动，调动技术人员积极性。通过"专家讲堂""田园课堂""农户技术培训"，搭建内部学习平台，编写《种植技术周刊》《专家讲堂交流材料》等以种植技术理论学习和示范农场技术练兵结合的方式，培育MAP技术服务中心农艺师技术服务能力。发起设立周四学习日，根据季节、作物不同，每两周举行线上培训、线下实训等活动，提高全体农艺师、服务站人员的技术能力。例如，一年一度的"农技大咖"活动通过大规模、多轮次技术人员专业能力、成果展示和技术比武，带动全员农技知识学习，建立比、学、赶、帮、超的良好学习氛围和鼓励技术创新实践的环境，培育提升一线技术人员专业素养，提高应用技术服务能力，并在活动过程中发掘一批高度认同MAP战略、作物技术能力突出、田间实践经验丰富的优秀应用技术人才。活动涌现一批有较强独创性的技术创新方案，在活动过程中沉淀、积累一批经实践验证可推广的作物种植技术成果。"田园课堂"项目充分发挥中化农业内外部专家及行业内合作的专家资源优势，组成讲师团队，全年无休地深入MAP技术服务中心，以相同作物产区集中进行关于种植技术的培训，并且深入田间，结合生产实际，就该区域实际问题进行现场教学，受到全国一线技术人员一致好评和认可。

（二）初步成效

MAP农艺师技术团队先后完成小麦、玉米、水稻等主要粮食作物的农户种植痛点调研和标准技术方案85份、生产方案38份、示范农场的技术方案总结报告18份、农事栽培历18份和种植技术标准20份，推广服务面积共计321万亩。"MAP智农"累计注册用户超过25 000人，累计注册面积超过500万亩，田间秀4 000个，累计观看超过11万次，用农户喜闻乐见的形式进行核心种植技术的小示范、小推广，丰富了技术推广形式，提高了技术带动效果。中化农业MAP乡村服务站已挂牌46家，推进中163家，意向347家，有效调动乡村一线"能人"参与农业服务、农技推广的积极性和创造力，形成生动的农技推广资源整合新局面。

（中化现代农业有限公司　张晓强）

山东思远农业：
构建全程标准化农技服务模式

（一）全程标准化农技服务应用背景和基本情况

山东思远农业开发有限公司（以下简称思远农业）起步于2003年，注册机构包括山东思远农业开发有限公司、山东思远蔬菜专业合作社、思远职业农民培训学校，是农业产业化省级重点龙头企业、国家级农民合作社示范社、中国现代农业社会化服务标准联盟发起单位。2018年，思远农业被国家标准化管理委员会先后确定为国家现代农业标准化区域服务与推广平台承担单位、农业社会化服务全国第三批农村综合改革标准化试点单位。

面向设施农业和露地经济作物开展农技推广服务工作，实现现代农业的绿色、高效和可持续发展，是思远农业主要目标。思远农业在农技推广服务中发现，尽管全国大棚蔬菜发展迅速，效益良好，但许多菜农技术水平不高、环保和质量意识不强，一家一户管理分散粗放，导致食品安全事件时有发生、生态环境问题日益凸显、产业发展面临瓶颈。针对这一情况，思远农业提出"标准化让生活更美好"的理念，通过提供标准化的全程农技推广服务，帮助生产者实现高产量、高品质、高效益，让消费者吃到绿色、安全、放心的农产品，改善农业生态环境，保障农业的健康可持续发展。

（二）全程标准化农技服务主要做法

从2004年开始，思远农业开始系统开展生产技术管理的集成和研发，构建了"7F精细化管理"技术标准（通过标准化的设施、土壤、种苗、栽培、环境、肥水、植保管理7个关键环节，促进农业生产的安全、绿色、生态）。在推动技术标准推广和服务的过程中，逐步形成了从制订标准、培训标准、执行标准到标准服务、标准追溯的"六化""三标准"（"六化"：组织化建设、标准化生产、专业化服务、职业化培训、信息化平台、品牌化运营；"三标准"：农产品品质标准体系、农业生产技术标准体系、农业服务标准体系）服务体系，将社会化服务落地做实。

1. 组织化建设，健全服务网络

探索形成了通过合作社建设"总社—分社—村服务站—社员"的四级服务网络，把分散种植的农户组织起来，为社员提供标准化的生产指导服务。目前服务网络已延伸到山东、山西、陕西等12个省，发展98个加盟分社，建成3 659个村服务站。

2. 职业化培训，提高农民技能

思远农业大力开展农民喜闻乐见的田间课堂、农民夜校、实地观摩会以及新型职业农民培训活动。自2007年以来，在全国12个省通过举办田间、村、乡镇、区县等各种形式的技术培训班，培训菜农115万余人次。研发、推广系列标准化培训工具，累计录制相关教学片2 500余部，研发教材16部300余万字，印制集成技术资料8万余册，编印《思远蔬菜科技》

承办山东省2018年第一期农业标准化培训班暨现场会

报纸58期110余万份、标准化明白纸320万余份、技术折页11万份、口袋丛书5万册。通过培训，让农户真正学到技术，让服务真正落地，让标准化的生产管理真正开花结果。

3. 标准化生产，推动绿色发展

思远农业对合作社社员进行严格管理和周到服务。先与农户签订标准化生产服务责任书；然后，根据生产实际情况一对一制订标准化生产服务方案，并统一农资供应；最后，指导和服务社员生产操作。目前已推广应用了番茄、黄瓜、西葫芦等16种作物的标准生产规程，采用基础标准、服务保障标准、服务提供标准、岗位工作标准296项。截至2018年年底，思远农业的标准化社员已达13万余户，服务面积35万余亩，服务托管标准化园区61个。

组织农民田间课堂

4. 专业化服务，保障生产无忧

完善的服务体系和专业化服务队伍是确保标准化服务的重要支撑，思远农业严格遵循产前培训、产中服务、产后总结的服务流程，推行"7+12"标准服务工作法，即7天左右到社员生产现场服务指导一次，坚持12小时问题解决机制；打造"五维一体"服务模式，即以服务单一作物为核心，构建作物专家、运营经理、客服专家、技术指导员、后台支撑协同保障的专业服务团队。采取线上线下双轮驱动，线下发挥全国3 000余位技术指导员实地指导作用，线上发挥"农保姆"、农学院、微信群的方便快捷优势，目前构建了1 600多个不同地区、作物的微信群，入群农民达17万余人，通过实时微课、微视频指导，服务保障进一步增强，受到了农民欢迎。

5. 信息化平台，提高服务效率

思远农业投入研发了标准化智慧农业服务管理系统——"农保姆"，平台汇聚了20余种果蔬作物、35个茬口全覆盖的标准化技

使用"农保姆"APP指导生产

术成果，包括1 630余部相关教学片，326门标准化种植学习课程，总资源量超100TB。通过"农保姆"APP，服务从线下跨越到线上，农民足不出户就能学习技术、网上交易，高效获取技术、享受服务，并且实现了标准化生产和质量安全可追溯。2018年，中国工程院院士与思远农业共同成立了智慧农业院士工作站，为专业化服务提供信息技术支持。

6. 品牌化运营，提升产业价值

思远农业通过"思远庄园"蔬菜品牌建设，将标准化生产的绿色农产品统一包装、统一形象、全程追溯进行销售，精心打造标准化品牌影响力，为小农户开拓了订单农业、农超对接、观光采摘等路子，同时抓住"一带一路"契机打开了俄罗斯市场。2019年，思远农业标准化生产基地被确定为省级农业标准化生产基地，思远庄园牌标准化系列蔬菜被评选为山东省知名农产品企业产品品牌。

（三）取得成效

思远农业通过实施"六化三标准"社会化服务模式，为小农户、农业生产基地、产业园区提供标准化全程农技指导服务，利用现代生产技术改造传统农业，取得了良好的经济、生态和社会效益。

1. 节本提质增效，经济效益显著提升

通过标准化指导服务实现科学种植，农药、化肥、用工等支出减少15%～30%，产量增加20%～50%。根据思远农业全国标准化社员数据，平均每亩减少农药、肥料、用工等投入1 300余元，产值增加9 000余元，亩增效益10 000余元。

2. 减少面源污染，生态效益更加凸显

通过市场化的生产性服务导入适用先进农业技术，带动了生物菌肥、熊蜂授粉等10多项新技术大面积应用，实现了化肥农药减量、土壤生态修复，清除了根腐、线虫等顽疾，提升了耕地质量，近年来累计实施耕地质量提升工程22 000余亩，降低了面源污染，以实际行动践行"绿水青山就是金山银山"。

3. 服务农业农民，社会效益不断释放

通过标准化服务、技术指导，实现了安全、绿色农产品供应，保障了农产品质量安全；通过开展职业农民培训，提升了农民的文化素养和技术水平；通过产业帮扶完成精准扶贫任务，打造贫困人口参与度高的特色农业基地，以产业带动贫困户脱贫，如通过建立山东淄博临淄区皇城镇扶贫大棚基地，每年为全镇贫困户提供5万元扶贫资金；通过全程农业技术服务实现了增产高效和农民富裕；通过标准示范、模式输出，服务产业兴旺、引领乡村振兴。

农户标准种植喜获丰收

（山东思远农业开发有限公司　白京波）

第八篇

2018年农业技术推广重大政策

农业农村部办公厅关于开展农业重大技术协同推广计划试点的通知

农办科〔2018〕16号

我国农业农村经济已经进入高质量发展的新阶段，转换农业增长动力、优化农业经济结构，必须坚持质量兴农、绿色兴农、效益优先，不断提高农业创新力、产业竞争力和全要素生产率。新时代赋予农业科技新使命，对农技推广服务提出了新要求。为深入贯彻党的十九大和2018年中央1号文件精神，全面落实《农业部 教育部关于深入推进高等院校和农业科研单位开展农业技术推广服务的意见》（农科教发〔2017〕13号）有关要求，探索建立农科教协同开展技术推广服务的有效路径，增强科技在支撑农业结构调整和促进绿色发展中的引领作用，农业农村部选择在部分省份开展农业重大技术协同推广计划试点（以下简称"协同推广计划试点"）。

一、总体思路

（一）指导思想

以习近平新时代中国特色社会主义思想为指导，围绕发展现代农业、推进供给侧结构性改革和实现绿色发展的新要求，以农业优势产业为主线，以重大技术推广任务为牵引，构建需求关联和利益联结机制，推动国家农技推广机构、科研教学单位、新型农业经营主体、社会化服务组织等合理分工、高效协作，构建上下贯通、左右衔接、优势互补的农技推广协同服务新机制，实现技术创新与产业发展有机结合、技术服务与产业需求有效对接，为加快农业农村现代化步伐、决胜全面建成小康社会提供强有力的科技支撑和人才保障。

（二）基本原则

1.坚持需求导向

把满足农业发展中的重大技术需求作为基本出发点，把提高农技推广服务整体效能、推动产业发展作为检验成效的根本标准，切实加强技术集成熟化和示范推广，有效支撑农业供给侧结构性改革和农业绿色发展。

2.坚持优势互补

着力破除农业科研、教学、推广各自封闭运行和科技成果供需信息不对称等体制机制障碍，促进农业科技创新、成果转化、技术推广有机融合，推动农业科研院校创新资源优势、农技推广机构服务生产优势、各类经营主体的市场运行优势等有机结合。

3.坚持统筹推进

立足新时期农业技术推广的目标任务，注重与已有工作有效衔接，特别是要与基层农技推广体系改革与建设补助项目统筹谋划、一体化实施，实现农业重大技术集成熟化、示范展示、推广应用的无缝连接。

4.坚持因地制宜

充分考虑不同地区的农业资源禀赋、区域优势和发展水平差异，把整体部署和基层创造有机结合起来，充分调动试点地区推进改革的主动性和创造性，探索符合本地区实际的农业技术供给方式和组织模式。

（三）总体目标

通过试点，有效集聚全社会农技推广资源，构建农科教、产学研多方协同推广新机制，形成国家农技推广机构、科研教学单位、新型农业经营主体、社会化服务组织等合力开展农技推广服务的组织模式，加快农业重大技术推广应用，提高农业优势特色产业科技含量和附加值，延伸产业链，提升价值链，为推进农业高质量发展、支撑乡村振兴提供有力支撑。

二、主要任务

试点省份遴选3～5个农业优势特色产业，聚焦制约产业发展的重大技术需求，选准试点任务。

（一）推广一批农业优质绿色高效技术

支持国家农技推广机构、科研教学单位、新型农业经营主体、社会化服务组织等，通过技术示范、技术培训、信息传播等多种途径，促进优质安全、节本增效、绿色环保的农业重大技术快速推广应用，加快科技在农业产业中落地生根、开花结果。

（二）集聚一支顶天立地的农技推广队伍

以农业重大技术推广任务为纽带，广泛集聚省市国家农技推广机构、科研教学单位的优秀人才，吸纳农业乡土专家、基层农技人员、新型农业经营主体技术骨干等，形成一支上连科技前沿，下接生产一线的农技推广服务队伍。

（三）完善"两地一站一体"协同推广模式

依托基础较好的农业科研试验基地和示范展示基地，开展农业重大技术集成熟化与示范推广，促进农业技术服务与产业发展需求、专家教授与基层农技人员有效对接，完善"农业科研试验基地＋区域示范展示基地＋基层农技推广站点＋新型农业经营主体"的链条式技术推广服务模式。

（四）培优培强一批农业优势特色产业

推动国家农技推广机构、科研教学单位、社会化服务组织等发挥自身优势，提升新型农业经营主体技术应用能力，优化调整农业产品结构，做大做精农业优势特色产业，把农业科技优势转化为产业优势和经济优势。

三、组织实施

（一）试点范围

2018年，选择内蒙古、吉林、江苏、浙江、江西、湖北、广西、四川等8个省份开展协同推广计划试点。

（二）进度安排

自2018年6月开始，用1年左右时间开展协同推广计划试点。试点省份农业行政主管部门按照本通知要求，抓紧制订本省试点方案。试点工作结束后2个月内，完成本省试点任务验收总结，并将总结报告及相关试点成果等报送农业农村部。

（三）组织方式

建立农业行政主管部门统筹协调，技术推广优势单位领衔，国家农技推广机构、农业科研院校及涉农企业、社会化服务组织等广泛参与、优势互补、紧密协同的组织方式，突出一体化统筹推进，促进上下有机衔接。

1.农业农村部负责试点工作的总体设计，强化对试点工作的指导和督导，组织开展试点绩效考评，总结推广典型做法经验。

2.承担试点任务的省级农业行政主管部门负责本省试点工作的统筹组织、工作指导、督导检查和验收总结。一是围绕农业优势特色产业发展需求，确定重大技术推广任务；分产业选准优势单位牵头、各层级、各类型推广主体广泛参与的项目实施团队；组建推广专家、科研专家为双首席的执行专家组，充分发挥其在项目总体设计、技术层面把关和内部沟通协调等方面作用。二是加强试点任务实施指导，定期调度工作进展。三是组织本省试点任务考评验收，总结试点进展成效。

3.承担具体试点任务的单位按照试点工作要求，选派精干力量承担相关试点任务；完善相关规章制度，为协同推广计划试点实施创造良好的发展环境。

四、资金支持

协同推广计划试点资金已在2018年中央财政农业生产发展资金支持基层农技推广体系改革与建设工作中统筹安排。试点省份农业行政主管部门要加强与省级财政部门的沟通协调，确保试点工作所需资金。鼓励试点省份通过争取地方安排专门资金、统筹其他涉农财政资金等方式，加大协同推广计划试点资金支持力度。

五、有关要求

（一）加强组织领导

承担试点任务的各级农业行政主管部门要高度重视试点工作，加强宏观统筹和实践指导，建立协同推广计划试点工作领导协调机制，努力破除项目设计时注重农科教协同、项目实施时"分片包干、各自为战"等痼疾；加强与同级相关部门的沟通协调，强化对试点工作情况的跟踪研究，妥善解决试点中遇到的困难与问题，确保试点工作扎实推进、取得实效。承担试点任务单位要充分理解试点的科学内涵，深刻认识协同推广计划是农业技术推广已有工作的拓展和延伸，发挥各自的优势和特点，围绕试点路径和目标要求，有序开展各项试点工作。

（二）完善配套政策

承担试点任务的农业科研院校要建立健全有效引导专家教授开展农技推广服务的人事管理、考核评价、绩效激励等规章制度，加大农科教结合、产学研协作力度，促进人才、技术等创新要素向农业主战场流动，增强专家教授常驻试验示范基地、深入农业一线从事指导推广的积极性和主动性。承担试点任务的农技推广机构要强化上联农业科研院校、下联生产经营主体的桥梁纽带作用，主动联系专家教授，及时反馈产业技术需求；完善考评激励机制，激发农技人员服务活力，提升农技推广效能。加强对市场化农技推广服务的规范和管理，引导社会化服务组织规范高效地提供农业技术指导服务。

（三）强化典型引领

农业农村部与试点省份农业行政主管部门及时跟踪了解试点进展情况，采取工作简报、现场观摩、会议交流等方式，发掘总结协同推广计划试点开展中各地探索取得的好做法和好的经验成效，通过网络、电视、报纸等媒体，多途径展示宣传试点的有益探索和鲜活典型，为试点有序推进营造良好的社会氛围。加强试点做法经验归纳提升，形成可复制可推广的机制模式，发挥典型的示范带动作用。

农业农村部办公厅

2018年6月11日

农业农村部办公厅关于全面实施农技推广服务特聘计划的通知

农办科〔2018〕15号

为贯彻落实中央脱贫攻坚的决策部署和习近平总书记关于产业扶贫的指示精神，增强基层农技推广服务供给能力，探索强化贫困地区产业扶贫工作科技支撑和人才保障的新途径，经商财政部同意，2017年原农业部在河北、湖北、湖南、四川、陕西等5个省的7个贫困地区开展了农技推广服务特聘计划试点。今年中央1号文件提出"全面实施农技推广服务特聘计划"。在总结试点工作初步成效的基础上，现就贯彻落实中央1号文件精神，全面实施农技推广服务特聘计划（以下简称"特聘计划"）通知如下。

一、总体思路

以习近平新时代中国特色社会主义思想为指导，结合贫困地区发展特色优势扶贫产业和其他地区农业产业发展需要，在全国贫困地区及其他有意愿地区实施农技推广服务特聘计划，通过政府购买服务等支持方式，从农业乡土专家、种养能手、新型农业经营主体技术骨干、科研教学单位一线服务人员中招募一批特聘农技员，培养一支精准服务产业需求、解决生产技术难题、带领贫困农户脱贫致富的服务力量，支撑贫困地区走出一条贫困人口参与度高、特色产业竞争力强、贫困农户增收可持续的产业扶贫路径，为打好打赢精准脱贫攻坚这场历史性决战提供有力支撑。

二、实施区域

（一）河北、山西、内蒙古、吉林、黑龙江、安徽、江西、河南、湖北、湖南、广西、海南、重庆、四川、贵州、云南、陕西、甘肃、青海、宁夏、新疆、西藏等22个省（自治区、直辖市）的国家扶贫开发工作重点县和集中连片特殊困难地区县。

（二）国家扶贫开发工作重点县和集中连片特殊困难地区县外其他有意愿的地方。

三、组织管理

（一）特聘农技员服务期管理

特聘计划实施县农业部门负责特聘农技员的招募、使用、管理和考核，制订《特聘农技员招募办法》《特聘农技员考核管理办法》等规章制度，对特聘农技员招募、使用和管理进行规范。特聘农技员服务期限原则上不超过1年。服务期间，以服务对象的满意率、解决产业发展实际问题等为主要考核指标，采取量化打分和实地测评相结合的方式，定期对特聘农技员服务效果进行绩效考核。建立以结果为导向的激励约束机制，考核不合格的及时解除服务协议；对考核优秀的特聘农技员，服务期满后可优先继续招募。

（二）特聘农技员招募条件

特聘农技员招募对象须具备以下条件：有较高的技术专长和科技素质；有丰富的农业生产实践经验；热爱农业农村工作，责任心、服务意识和协调能力较强。特聘农技员主要从以下四类群体中招募：一是农业乡土专家，二是农业种养能手，三是新型农业经营主体的技术骨干，四是农业科研教学单位中长期在生产一线开展成果转化与技术服务的科技人员。农业系统体制内在岗人员不纳入特聘农技员招募范围。

（三）特聘农技员招募程序

特聘计划实施县根据本地资源禀赋、产业基础、农技推广工作需要等，合理确定特聘农技员招募数量和招募标准，每个县招募特聘农技员原则上不超过5名。按照发布需求、个人申请、技能考核、研究公示、确定人选、签订服务协议（或服务合同）等程序，开展特聘农技员招募工作。特聘农技员招募要全程公开透明，通过多种方式在全县进行公示公告，时间不少于5个工作日。

（四）特聘农技员服务任务

特聘计划实施县按照助力农业特色优势产业发展、带动贫困农户精准脱贫等要求，明确特聘农技员服务任务：一是为县域农业特色优势产业发展提供技术指导与咨询服务；二是为贫困农户从事农业生产经营提供技术帮扶；三是与基层农技人员结对开展农技服务，增强农技人员专业技能和实操水平。要在与特聘农技员签订的服务协议（或服务合同）中，明确细化服务内容、服务对象、服务数量、服务效果等。

四、保障措施

（一）加强组织领导

实施特聘计划省级农业部门要积极争取地方政府支持，加强沟通协调，落实工作责任，形成工作合力，确保特聘计划顺利实施。特聘计划实施县农业部门要牵头建立特聘计划领导协调机制，加强对特聘计划的组织、指导和监督，妥善解决工作开展中遇到的困难与问题。

（二）强化资金保障

特聘计划实施地区农业部门可统筹利用中央财政农业生产发展资金支持基层农技推广体系改革与建设的资金，对特聘农技员给予补助。特聘农技员具体补助标准由实施县结合特聘农技员的工作任务、工作量等研究确定。鼓励特聘计划实施县争取其他渠道资金，加大对特聘计划的支持力度。

（三）加强总结宣传

及时总结农技推广服务特聘计划实施中的好做法好经验，形成一批可复制可推广的典型模式。利用广播、电视、报刊、网络等媒体，大力宣传优秀特聘农技员的先进事迹，扩大影响成效，营造支持特聘农技员服务基层、创业富民的良好氛围。

农业农村部办公厅

2018年6月11日

农业农村部办公厅关于做好2018年基层农技推广体系改革与建设补助项目组织实施工作的通知

农办科〔2018〕13号

2018年中央财政通过农业生产发展资金继续对基层农技推广体系改革与建设工作给予支持，按照《农业农村部 财政部关于做好2018年农业生产发展等项目实施工作的通知》（农财发〔2018〕13号）有关要求，现就做好2018年基层农技推广体系改革与建设补助项目（以下简称"农技推广补助项目"）组织实施工作通知如下。

一、总体要求

按照实施乡村振兴战略的新任务和农业高质量发展的新要求，高起点统筹谋划、高标准组织实施，推动农技推广补助项目转型升级、提质增效。

（一）指导思想

以习近平新时代中国特色社会主义思想为指导，全面贯彻落实党的十九大、中央1号文件、《政府工作报告》和全国农业工作会议等的部署和要求，坚持问题导向和目标导向，以支撑质量兴农、效益兴农、绿色兴农和推进农业供给侧结构性改革为主线，以提高农技推广服务供给的质量和效率为主攻方向，统筹兼顾新型农业经营主体和小农户的服务需求，坚持深化改革增活力、创新机制提效能，培育精干专业推广队伍，打造科技示范服务平台，推广优质绿色高效技术模式，为实施乡村振兴战略、加快农业农村现代化步伐、决胜全面建成小康社会提供强有力的科技支撑和人才保障。

（二）基本原则

1.拓展实施对象

由主要支持基层农技推广机构发展，向全面建设"一主多元"推广体系转变。促进基层推广机构优化服务、增强活力、提升效能。发挥科研院校人才、成果、平台等优势，增强优良品种、绿色技术等供给。通过购买服务等方式，支持社会化服务组织开展农技推广。

2.调整实施范围

将农技推广补助项目实施范围从全国农业县"全覆盖"调整为承担意愿较高、已有任务完成较好的农业县，压实实施主体责任担当，破解长期稳定支持导致的各方能动性不强、积极性不足等问题。

3.优化实施任务

围绕农技推广服务方式创新、服务内容调整等新要求，聚焦基层农技推广体系改革创新和农业优质绿色高效技术示范推广精准发力，提升体系服务效能，加快技术进村入户。

4.强化绩效导向

顺应农业生产发展资金"大专项+任务清单"管理方式变化，建立全程绩效管理制度，加强任务完成情况监督和绩效考评，强化以结果为导向的激励约束，提高项目实施成效和财政资源配置效率。

（三）主要目标

2018年农技推广补助项目实施的主要目标是：

1.基层农技推广服务水平明显提高

农业科技示范主体抽样满意度超过95%，农业技术推广公共服务对象抽样满意度超过70%。基层农技人员开展技术指导服务时间超过100个工作日。

2.优质绿色高效技术快速进村入户

一批支撑农业优势特色产业发展的质量安全、节本增效、生态环保的优质绿色高效技术模式广泛应用于农业生产，全国农业主推技术到位率超过95%。

3.农业科技示范服务平台基本健全

每个项目县建设不少于2个示范带动效果明显、长期稳定的农业科技示范基地，使其成为集示范展示、技术指导、农民培训等多功能、综合性的农业科技示范服务平台。在有条件的省份，根据优势特色产业发展需求，建设一批区域性的现代农业产业技术示范基地。

4.农技推广信息化实现重大突破

基层农技人员普遍应用信息化手段进行学习交流和业务指导，使用中国农技推广APP比例超过80%。农技推广补助项目实现任务安排网络化、推广服务信息化、绩效考核电子化。

5.农技推广队伍业务能力稳步提升

全国1/3的基层农技人员接受连续5天以上的脱产业务培训，培育10 000名知识全面、技能过硬、服务优良的基层农技推广骨干人才，为贫困地区培育一支热爱农业农村、助力脱贫攻坚的特聘农技员队伍。

6.基层农技推广体系改革扎实推进

基层农技推广机构人员在岗率超过90%。在农技人员提供增值服务合理取酬、公益性与经营性农技推广服务融合发展、农技人员创新创业等方面形成一批行之有效的做法经验。

二、主要任务

围绕总体要求和主要目标，2018年农技推广补助项目的主要任务是：

（一）推进基层农技推广体系改革创新

支持有条件地区探索农技服务增值取酬有效路径，允许基层农技人员进入家庭农场、合作社、农业企业等，为新型农业经营和服务主体提供技术承包、技术转让、技术咨询等形式的增值服务并获取合理报酬。完善融合发展机制，发挥公益性推广机构在多元化推广体系中的枢纽作用，通过派驻人员、共建平台、合署办公等方式，实现公益性推广机构与经营性服务组织信息共享、优势互补、协同发展。引导扶持社会化服务组织发展，支持其开展农业产前、产中、产后全程农技推广，满足农业生产经营者的多层次、多样化、个性化的服务需求。加大政府购买服务力度，通过公开招标、定向委托等方式，支持社会化服务组织承担可量化、易监管的公益性农技推广服务。

（二）提升基层农技推广队伍服务能力

选拔学历水平和专业技能符合岗位职责要求的人员进入基层农技推广队伍。完善基层农技人员分级分类培训机制，立足需求选准培训对象、优化培训内容、完善培训方式。从具有副高级（含）以上专业技术职称、具有较高知名度和专业技术权威的基层农技推广机构在职人员中遴选农技推广骨干人才，制订年度培育方案，实行动态认定管理，加快知识更新，加强实践锻炼，使其专业素质和工作能力跟上时代节拍，成为指导服务的行家里手。省级农业部门统一组织对农技推广骨干人才进行脱产业务培训，支持其进入农业科研院校、农业产业技术体系岗站等进修深造，针对性地弥补能力短板和经验盲区，提升实操水平和专业技能。支持基层农技推广队伍中非专业和低学历人员，通过在职研修等方式进行学历提升教育。

（三）建设长期稳定的农业科技示范基地

围绕地方优势农产品和特色产业发展需求，按照示范推广到位、培训指导到位、产业引领到位的要求，通过自建、租用、合作等方式，建设一批长期稳定的农业科技示范基地，依托基地开展集成示范、推广应用、教育培训等，将基地打造成农业优质绿色高效技术的展示窗和辐射源、基层农技人员开展指导服务的综合平台。规范农业科技示范基地运行管理，明确年度任务和考核指标，建立技术示范展示档案，并进行考核验收，自建、租用类基地要有明确的技术示范实施方案；合作类基地项目县要与基地主体签订技术示范协议。基地要统一竖立"全国基层农技推广体系改革与建设补助项目农业科技示范基地"标牌（样式见附件1），标明示范内容、技术负责人、实施单位等信息。

（四）示范推广农业优质绿色高效技术

结合农业农村部发布的年度农业主推技术、地方农业主导产业发展要求和农业生产经营者的技术需求，遴选推介各地年度农业主推技术。围绕推进农业转型升级和质量兴农、效益兴农、绿色兴农等要求，每个省份推广不少于3项符合资源节约、增产增效、生态环保、质量安全等要求的优质绿色高效技术模式，如稻田综合种养技术模式、小麦全程绿色高效生产技术模式、肉羊健康养殖技术模式、秸秆高效还田技术模式、畜禽粪污资源化利用技术模式等。在技术模式适宜推广范围内以县域为单元，组建技术指导团队，形成当地技术操作规范，依托示范基地、示范主体等开展展示推广，组织农技人员开展指导服务，促进技术快速进村入户到田。

（五）培育农业科技示范主体

完善农业科技示范主体遴选和考核激励机制，立足农技推广补助项目任务要求和地方优势特色产业发展需求，遴选能力较强、乐于助人的新型农业经营主体带头人、种养大户、乡土专家等作为农业科技示范主体。通过指导服务、技术培训等方式，把配套集成、简单易学的种养技术、防灾减灾和标准化生产技术传授给示范主体，把省工省力、节本增效的新型农机具推广到示范主体，把农业生产投入品供给和农产品供求等信息发送到示范主体，提高示范主体的自我发展能力和对周边农户、特别是小农户的辐射带动能力。组织基层农技人员在农业生产的重要时节和关键环节，对示范主体开展手把手、面对面的技术指导和咨询服务。

（六）加强农技推广服务信息化建设

发挥信息服务高效便捷、覆盖面广等优势，推动专家教授、农技人员和经营性服务组织等通过互联网、移动通讯、广播电视等渠道，开展在线学习、互动交流、技术普及等活动，为广大农民和新型农业经营主体提供精准实时的指导服务。优化中国农技推广APP运行管理，提高其在农技人员和农业生产经营主体中的覆盖面和使用率。将基层农技人员培训、示范基地建设、示范主体培育等农技推广补助项目实施情况进行线上动态展示和绩效管理。

（七）全面实施农技推广服务特聘计划

在贫困地区以及其他有需求地区，从农业乡土专家、种养能手、新型农业经营主体技术骨干中招募有丰富农业生产实践经验和较高技术专长、服务意识和协调能力较强、且在服务区域有较好群众基础的人员作为特聘农技员。组织特聘农技员按照增强农技服务供给、支撑农业特色优势产业发展、带动贫困农户精准脱贫等要求，针对性地开展农技指导、咨询服务和政策宣贯，培养一支精准服务产业需求、解决生产技术难题、带领贫困农户脱贫致富的服务力量，为深入推进产业扶贫工作提供强有力的科技支撑和人才保障。特聘农技员由县级农业部门会同财政部门进行招募、使用、管理和考核，按照发布需求、个人申请、技能考核、研究公示、确定人选、签订服务协议等程序进行。特聘农技员招募要全程公开透明，广泛进行公示。招募的特聘农技员要与用人单位签订服务合同或服务协议，约定服务期限、服务任务和服务收入等。

（八）构建农业重大技术协同推广机制

选择内蒙古、吉林、江苏、浙江、江西、湖北、广西、四川等8个省份开展农业重大技术协同推广计划试点，以农业优势特色产业为主线，以重大技术推广任务为牵引，建立需求关联和利益联结机制，引导农技推广机构、科研教学单位、新型农业经营主体、经营性服务组织等合理分工、高效协作，构建上下贯通、左右衔接、优势互补的农技推广协同服务新机制，提高农业优势特色产业科技含量和附加值，延伸产业链，提升价值链，实现技术创新与产业发展有机结合、技术服务与生产需求有效对接。其他省份可结合地方农业产业发展实际和农技推广工作基础等，探索农科教协同开展农技推广服务的有效做法和经验。

三、强化绩效管理

建立部省联动、全程实施的绩效管理机制，加强任务进展情况调度、工作监督和绩效考评，提升项目实施成效，强化财政资源配置效率。

（一）完善绩效考评体系

依据下达各省的任务清单和绩效目标，以基层农技推广体系改革成效、农业技术推广应用效果、服务对象满意度、支撑主导产业发展实效等为主要考核标准，制订《2018年基层农技推广体系改革与建设补助项目绩效考评指标体系》（附件2）。继续将基层农技推广体系改革与建设工作列入农业农村部2018年专项工作延伸绩效管理实施范围，继续将粮食主推技术到位率作为2018年粮食安全省长责任制考核重要内容。

（二）实行全程绩效管理

结合省域发展差异、扶贫工作等实际情况，通过线上考评与线下考评相结合、平时考评与年度考评相结合、会商考评与现场考评相结合等方式，对2018年农技推广补助项目任务完成情况进行全程绩效管理。加大现场考评力度，增加现场得分在总成绩中的权重。

（三）加强考评结果应用

建立以结果为导向的激励约束机制，通过以评促建、以评促改，增强各级实施部门单位的责任感，提高工作积极性。各省考评结果与下年度任务安排、资金测算等紧密挂钩，进一步加大实施绩效所占权重。对各省2018年农技推广补助项目任务完成和实施成效进行优、良、中、差等四类定性评价，对考评优秀省份给予通报表扬。

四、加强组织领导

各省农业部门要按照实施乡村振兴战略，推进农业供给侧结构性改革的总部署，紧紧围绕2018年农技推广补助项目的总体要求和重点任务，加强统筹协调，明确任务分工，细化工作安排，切实做好落实。种植、畜牧、渔业、农机等分设在不同部门的省份，要加强农业系统内部沟通协调，明确各自职责任务，形成工作合力，发挥最大效能。要加强总结宣传，充分挖掘项目组织实施的有效做法和成功经验，总结可复制可推广的典型模式，充分利用各种报送渠道和网络、报纸、电视等媒体进行推介宣传，扩大影响成效，为项目实施营造更为良好的发展环境。

农业农村部办公厅

2018年5月11日

浙江省农业厅 林业厅 海洋与渔业局 科学技术厅关于激励农业科技人员创新创业的意见

浙农科发〔2018〕3号

为贯彻落实省委、省政府《关于深化人才发展体制机制改革支持人才创业创新的意见》（浙委发〔2016〕14号）精神，进一步激发农业（林业、渔业，下同）科技人员创新活力和创业热情，加快农业科技成果转化与推广应用，经省政府同意，现就激励农业科技人员创新创业提出如下意见：

一、鼓励农业科研人员和农技推广人员离岗创新创业

（一）按照相关规定办理离岗手续

鼓励农业科研人员和农技推广人员离岗到省内农业生产经营主体从事科技服务或在省内创办各类新型农业生产经营主体（以下简称"离岗人员"）。离岗人员根据省委组织部、省人力社保厅《浙江省鼓励支持事业单位科研人员离岗创业创新实施办法（试行）》（浙人社发〔2016〕134号）（以下简称《办法》）要求，办理离岗手续及相关事宜。

（二）明确离岗人员社会保险交费渠道

离岗人员应按规定参加事业单位社会保险，社会保险费用（含职业年金）单位缴费部分由所在事业单位承担，个人缴费部分均由个人承担，缴费基数参照所在事业单位同类人员确定。在离岗期间，离岗人员所在企业应当为其缴纳工伤保险费，因工作遭受事故伤害或者患职业病的，由所在企业按规定申请工伤认定并承担工伤保险责任，依法享受工伤保险待遇。

（三）明确离岗人员离岗期限

离岗创业创新期限按《办法》规定执行，最多续签一次。针对种子种苗行业，若确有特殊需要，在续签离岗创业创新协议时，可采取一事一议的方式，经离岗人员申请、所在事业单位领导班子集体讨论决定，并经同级事业单位人事综合管理部门同意，可适当延长续签期限。

二、鼓励农技推广人员在岗开展增值服务

（四）明确增值服务的内容

鼓励农技推广人员在岗到农业生产经营主体开展增值服务，获取合理报酬。服务内容主要指农技推广人员根据农业生产经营主体的要求，通过合同形式，围绕产前、产中、产后进

行的单项或综合性技术服务。

（五）明确增值服务的程序

农技推广人员到农业生产经营主体开展增值服务，应在履行好岗位职责、完成本职工作的前提下，向所在事业单位提出书面申请，并按规定提交相关材料。所在事业单位对申请材料进行审核，经领导班子集体研究同意后，由所在事业单位与相应人员和所到单位签订三方协议，明确各方权利义务、服务期限、薪酬标准等。批准到农业生产经营主体开展增值服务的农技推广人员须在本单位公示5个工作日。原则上，到农业生产经营主体开展增值服务收益的个人所得部分不得高于其个人工资总额的50%，个人须如实将到农业生产经营主体开展增值服务收入报所在事业单位备案。

（六）规范增值服务的行为

农技推广人员到农业生产经营主体开展增值服务，不得泄露所在事业单位秘密，损害所在事业单位合法权益。服务期间涉及所在事业单位知识产权、科技成果的，所在事业单位、农技推广人员、相关企业应当签订协议，明确权益分配等内容。所在事业单位及其内设机构的负责人、所属具有独立法人资格单位的党政正职领导、内设机构项目管理人员不得到农业生产经营主体开展增值服务，或利用职务便利给农业生产经营主体项目支持并获取收益。服务人员职务发生变动时，应按照新任职务的相应规定进行管理。

三、鼓励农业科技成果转化

（七）下放农业科技成果使用权、处置权和收益权

农业科研机构、涉农高等院校和农技推广机构对由财政资金支持形成的科技成果（不涉及国防、国家安全、国家利益、重大社会公共利益），具有使用权、处置权和收益权。单位在完善内部控制制度的基础上，可自主决定科技成果转化，科技成果在境内的使用、处置不需要单位主管部门和财政部门审批或备案，所得收入全部留归单位，实行统一管理。

（八）明确农业科技成果转化净收入

农业科技成果转化净收入是指技术合同实际成交额扣除成本和税金支出后的余值，其中研究开发科技成果所用财政资金不列入成本。成果转化完成单位在确认科技成果转化净收入时，应合理计算成果转化过程中形成的成本。

（九）明确农业科技成果转化的收益比例

从技术转让或许可所得净收入中提取不低于70%的比例用于奖励给完成和转化科技成果做出重要贡献的人员。对完成和转化职务科技成果的主要贡献人员的奖励比例不低于奖励总额的70%，承担成果转化的技术转移机构工作人员和管理人员获得奖励的份额不低于奖励总额的5%。科技成果转化完成人的奖励，由科研团队负责人根据参与人员的贡献大小合理分配，分配方案须在科技成果转化完成单位内进行公示。农业科研人员或农技推广人员享受的科技成果转化奖励，计入当年本单位工资总额，但不受本单位绩效工资总量限制，不纳入本单位绩效工资总量管理。

（十）规范农业科技成果作价投资实施转化行为

以科技成果作价投资实施转化的，从作价投资取得的股份或者出资比例中提取不低于70%的比例用于对职务科技成果完成和转化重要贡献人员的股权奖励。取得科技成果股权奖励的人员，不再参与该科技成果转化后单位所获得的收益分配。获奖人在取得股份或出资比例时，暂不缴纳个人所得税。

（十一）规范领导干部科技成果转化行为

农业科研机构、涉农高等院校和农技推广机构的党政正职领导是科技成果的主要完成人或者对科技成果转化做出重要贡献的，可以按规定获得现金奖励，原则上不得获取股权激励。正职领导在担任现职前因科技成果转化获得的股权，任职后应及时予以转让，逾期未转让的，任期内限制交易。限制股权交易的，在本人不担任上述职务一年后解除限制。其他担任领导职务的科研人员，是科技成果主要完成人的或对科技成果转化作出重要贡献的，可依法获得现金、股份或出资比例等奖励和报酬。担任领导职务的农业科技人员科技成果转化收益分配实行公开公示制度。不得利用职权侵占他人科技成果转化收益。

（十二）规范专利转化实施行为

鼓励农业科研机构、涉农高等院校和农技推广机构依法采取专利入股、质押、转让、许可等方式促进专利实施获得收益。农业科研机构、涉农高等院校和农技推广机构所拥有的专利，在专利授权后超过1年未实施，且未与发明人（设计人）签订实施专利协议的，发明人（设计人）可实施该项专利，所得收益归发明人（设计人）所有。农业科研人员或农技推广人员到各类主体开展增值服务时获得专利等知识产权，按有关法律法规规定和事前约定享有相应权益。

（十三）明确技术活动收入的奖励分配政策

以市场委托或者政府采购方式取得的技术开发以及在科技成果转化工作中开展的技术咨询、技术服务（含检测服务）、技术培训等技术活动收入，纳入单位财务统一管理。在保证履行项目合同的前提下，项目实收经费在支付项目成本后，由单位合理自主安排，用于项目完成人以及相关贡献人员的奖励，纳入单位工资总额，不纳入绩效工资总量管理。

四、鼓励其他农业技术人员创新创业

（十四）组织对其他农业技术人员开展职称评审

改革现有职称评审制度，将参评主体向农业生产经营主体中的技术人员以及返乡创业大学生、农创客等拓展，实行分类评价，研究制订适合他们的评价标准，对特别优秀的，可破格申报高级职称，在高评委中单列评审。

（十五）鼓励其他农业技术人员开展服务

采取政府购买服务的方式，组织获得职称的其他农业技术人员面向各类农业经营主体开展技术服务，符合条件的可聘为技术指导员，制订服务计划，明确服务任务，组织开展技术服务。把获得职称的其他农业技术人员作为主持人，加大农业类项目扶持力度。把获得职称的其他农业技术人员，作为农业类项目验收、成果鉴定、奖项评审的专家组成员，切实发挥其作用。

（十六）鼓励高校毕业生创新创业

在校大学生和毕业5年以内的高校毕业生初次创办农业企业，并担任法定代表人或主要负责人的，给予企业连续3年的创业补贴，补贴标准为第一年5万元、第二年3万元、第三年2万元。毕业5年以内的高校毕业生到农业企业工作，签订1年及以上劳动合同并依法缴纳社会保险费的，在劳动合同期限内给予每年1万元的就业补贴，补贴期限不超过3年。

五、加强组织领导

（十七）健全工作机制

各地要把激励农业科技人员创新创业摆上重要议事日程，建立健全政府领导、农业部门牵头、各有关部门参与的工作协调机制。农业部门要做好牵头抓总，统筹协调工作。特别是要加强与人力社保部门、科技部门的沟通协调，做好工资待遇、职称评聘、政策协同等工作，加快推进农业科技成果转化。

（十八）加强宣传指导

各地要加强舆论引导，准确解读相关政策，广泛宣传农业科技人员推进科技成果转化和离岗创业的典型，营造激励农业科技人员创新创业的良好氛围。要加强对离岗人员、在岗开展增值服务、其他农业技术人员创新创业的跟踪指导，把握好政策的边界，妥善解决碰到的问题。

本意见所指农业科技人员主要包括农业科研人员、农技推广人员和其他农业技术人员三类。其中农业科研人员指省内农业科研机构、涉农高等院校在编在岗的科技人员；农技推广人员指省内农业、林业、渔业农技推广机构在编在岗技术人员；其他农业技术人员指农业龙头企业、农民专业合作社、家庭农场、种养大户等各类新型主体中的技术人员以及从事农业的大学毕业生。

本意见自印发之日起施行。

浙江省农业厅   浙江省林业厅

浙江省海洋与渔业局 浙江省科学技术厅

2018年1月16日

河北省农业厅关于在全省深度贫困地区加强农业技术帮扶的指导意见

冀农业办发〔2018〕26号

为推动全省10个深度贫困县、206个深度贫困村有效提升农业科技推广服务能力，发挥农业科学技术在产业扶贫中的支撑引领作用，确保贫困群众在产业扶贫项目中受益，确保助力深度贫困县如期脱贫摘帽，制订本意见。

一、总体要求

以习近平扶贫思想为指导，以实施乡村振兴战略为统领，以河北省农业产业技术体系创新团队为基础，聚焦解决产业扶贫中农业技术问题，构建深度贫困地区农业科技支撑服务体系，切实加大科技服务力度，实行产业项目覆盖、科技支撑到县、产业帮扶进村、技术指导入户，促进扶贫产业健康发展，增加贫困农民收入，为精准脱贫提供保证。

二、基本原则

1.坚持主动作为

产业扶贫是当前脱贫攻坚重要领域，10个深度贫困县农业（农牧）局要提高政治站位，积极协调，主动开展工作。农业厅挂职副局长要勇于担当，自觉牵头负责，抓好产业扶贫科技服务各项工作落实。

2.坚持资源统筹

深度贫困县要充分利用好农业产业技术体系创新团队力量，并根据本地产业优势、产业特点协调国家和省市专家，组建产业扶贫专家组和农业科技服务队伍，使专家组和农技推广服务更符合本地实际，更接地气。

3.坚持精准服务

专家组要根据资源享赋、区位条件、产业基础和市场走势，制订县域产业技术扶贫解决方案，明确帮扶重点、推进措施和重点任务，确保服务精准到产业。县级技术服务要进村入户，确保精准。

4.坚持错位发展

按照"一乡一业、一村一品、一户一策"思路，通过技术服务引导深度贫困村充分发挥优势，错位发展，提高竞争力和经济效益。

三、工作内容

（一）统筹力量，加强深度贫困县农业技术帮扶

10个深度贫困县要紧紧围绕比较优势和乡村振兴战略，主动调整农业结构，不断优化区域布局，强化农业科技支撑和先进农业技术推广，努力打造优质安全、特色明显的优势农产品，提高市场竞争力，增加贫困地区农民收入。

1.制订一个特色种养业扶贫工作计划

认真分析当地自然资源禀赋、种养习惯、产业优势，结合扶贫规划、产业扶贫三年行动方案和产业扶贫工作目标任务，确定本县扶贫主导产业，并根据产业扶贫进展状况、特色种养业项目覆盖情况，制订覆盖全部有劳动能力贫困人口的分年度特色种养业扶贫工作计划，明确产业发展重点、任务目标、项目安排、保障措施，项目设计要覆盖到村到户，让所有有劳动能力的贫困人口受益，消灭项目覆盖"空白村"。

2.组建一个产业扶贫专家指导组

每个深度贫困县要以二期18个省级现代农业产业技术体系创新团队为基础，以与本县签约的首席专家为组长，吸收省市有关专家参加，组建产业扶贫专家指导组，帮助解决当地产业发展的重大技术问题，提出产业帮扶方案，指导贫困县提出产业发展指导意见，确定主导产业，明确帮扶重点、推进措施和重点任务，加快技术配套与集成，加强科技指导与服务。

3.成立一支农业技术推广服务队

每个深度贫困县要整合本地的种子、土肥、植保、畜牧、水产、农机、技术推广、农业经营管理等方面的技术服务力量，组建一支农业技术推广服务队，服务队的主要任务是开展深度贫困村产业发展的技术指导。同时，在专家指导组的指导下有针对性地开展技术集成和示范推广，开展对产品加工、保鲜仓储、运输流通、销售渠道服务，提升贫困区产业发展能力。

4.开展一次产业扶贫大培训

要组织专家组成员为深度贫困村第一书记、村两委成员、合作社负责人、致富带头人、贫困户代表，开展一次脱贫攻坚大培训，既培训产业技术，也培训市场信息搜集和风险把控等知识，宣传产业扶贫政策。同时，要针对深度贫困村的产业扶贫需求，开展小型经常性技术培训和面对面的指导服务。邀请有关专家，在本地组织特色种养业扶贫技术和市场营销、电商平台服务技术培训。

5.编印一套实用技术指导手册

针对县内优势特色农业产业，组织专家团队和推广服务队专家，编写产业扶贫实用技术指导手册，或者印制明白纸，根据贫困村脱贫产业，发放到每个贫困户，提高贫困户发展特色产业生产的技术水平。

（二）主动作为，强化深度贫困村农业技术帮扶

对206个深度贫困村，围绕所确定脱贫产业加强技术支持，不断提高贫困群众自我脱贫意识和能力。10个深度贫困县农业（农牧）局要与本县深度贫困村第一书记主动对接，了解需求，提高技术帮扶的针对性。

1.开展一次调研对接

省农业厅挂职的农业（农牧）局副局长要到本县所有深度贫困村与第一书记、驻村工作队对接，了解贫困户数量、产业覆盖情况（已实施项目、谋划项目情况、产业扶贫项目类别和数量、覆盖贫困户数量）、产业扶贫需求等基本情况，协助提出产业扶贫项目建议，协助做

好项目编制申报，并建立微信群，保持沟通联系，了解项目进展。

2.确定一名技术指导员

县农业（农牧）局、省农业厅挂职副局长根据深度贫困村特色产业发展情况，从县农业技术服务队中明确一名技术指导员，与深度贫困村建立联系，负责深度贫困村发展脱贫产业的技术指导。

3.设计一套技术指导方案

县农业（农牧）局、省农业厅挂职副局长、技术指导员与深度贫困村驻村工作队、村两委班子一起，设计一套产业发展技术指导方案，明确技术指导内容、指导措施、指导方法，保证技术指导落实。

4.开展一次技术培训

根据农时，组织技术指导员专门针对深度贫困村开展技术培训。平时要根据贫困农户的需要，深入田间地头，开展经常性的技术指导服务。

5.发放一本技术手册或明白纸

针对深度贫困村特色产业发展情况，为每个贫困户发放一本技术手册或明白纸，并对重要内容、关键环节进行解读，确实让贫困户弄通弄懂会操作，使科技帮扶在产业脱贫中发挥最大作用。

四、保障措施

（一）高度重视，加强组织推动

省农业厅由科教处、产业扶贫办公室统筹负责对深度贫困县、深度贫困村的技术帮扶工作，根据深度贫困县需求，协调省产业技术体系创新团队为10个深度贫困县组建专家组。各市（含定州、辛集）农业（农牧）局要明确一名局领导分管此项工作，明确责任单位加强对县指导。10个深度贫困县农业（农牧）局、省农业厅挂职副局长要制订工作方案，推动各项工作尽快展开。省产业技术体系各相关创新团队，要按照省农业厅安排，落实岗位专家或农业综合试验推广站站长参与10个深度贫困县专家组，主动开展工作。

（二）加强保障，确保成效落实

10个深度贫困县农业（农牧）局要加强人员和经费保障，搞好服务，主动对接沟通，支持各项活动开展。非深度贫困地区也可以参照本意见建立健全本地农业产业扶贫技术服务支撑体系，开展服务工作。

（三）注重总结，及时反馈情况

10个深度贫困县要及时总结工作开展情况，具体工作由省农业厅挂职副局长负责汇总，填写《扶贫产业科技支撑体系建设情况表》（见附件），每季度末向省农业厅科教处、产业扶贫办公室反馈情况。

（四）培树典型，强化示范引领

各地要注重典型培育，对活动中涌现的新经验、新做法、新模式要认真总结提炼，充分利用电视、报纸、网络、微信等各种媒介进行广泛宣传，用典型示范，引领扶贫产业科技服务迅速展开，营造科技支持脱贫产业的良好氛围。

河北省农业厅

2018年7月

山东省基层农技推广人才定向培养工作实施办法

鲁农科技字〔2018〕11号

为加强全省基层农技推广人才队伍建设，培养下得去、留得住、用得上的农业技术推广人才，着力推动乡村人才振兴，为实施乡村振兴战略提供有力的人才支撑，根据中共山东省委组织部等8部门《关于印发<山东省加强基层农技推广人才队伍建设的二十条措施>的通知》（鲁农科技字〔2017〕27号）精神，制订本实施办法。

一、实施基层农技推广人才定向培养

自2018年起，依托省内农业高等院校实施基层农技推广人才定向培养，重点为乡镇农技推广机构急需紧缺专业培养本科生，大学本科学历学制四年。凡热爱"三农"事业，毕业后志愿到乡镇农技推广机构长期从事农业技术推广工作，具备普通高考报考条件的高中阶段毕业生，均可报考基层农技推广人才定向培养生。

二、建立健全经费保障机制

基层农技推广人才定向培养生在校学习期间免除学费、住宿费，并给予一定的生活补助。所需经费由省财政按每生每年10 000元的标准拨付高校。其中生活补助经费标准为每生每年4 000元，学校按每人每月（共10个月，寒暑假除外）400元标准足额发放给基层农技推广人才定向培养生。优秀基层农技推广人才定向培养生可参加国家奖学金、省政府奖学金评选。

三、科学制订基层农技推广人才定向培养生招生计划

县（市、区）农业行政主管部门会同其他农口部门以及组织、机构编制、教育、财政、人力资源社会保障等部门，积极做好辖区内乡镇农技推广人才需求预测，结合乡镇农技推广机构设置和编制使用情况、农技推广队伍现状以及乡村人才振兴需求，按照不超过相应岗位空缺数量的20%，确定基层农技推广人才定向培养生需求和培养计划，经县（市、区）人民政府同意后，于每年10月底前，将下一年度基层农技推广人才定向培养生需求计划报市农业行政主管部门，由市农业行政主管部门会同组织、机构编制、教育、财政、人力资源社会保障部门审核汇总，报经同级人民政府批准后，统一报省农业厅。省农业厅会同省委组织部、省编办、省教育厅、省财政厅、省人力资源社会保障厅，确定年度基层农技推广人才定向培养生分市计划。省教育厅会同省农业厅遴选确定承担基层农技推广人才定向培养任务的高校，统筹安排高校基层农技推广人才定向培养生分市分专业招生计划，确保招生培养与乡镇农技

推广岗位需求有效衔接。

四、统筹做好基层农技推广人才定向培养生招生录取工作

按照"阅知协议，填报志愿，高校录取，签订协议"的步骤，面向全省考生招生。各市、县（市、区）农业行政主管部门要会同有关部门做好政策公开宣传、招考报名发动工作。基层农技推广人才定向培养生在本科提前批次录取，考生成绩须达到我省首次划定的本科录取控制分数线。报考基层农技推广人才定向培养生须承诺，毕业后到乡镇农技推广机构从事农技推广工作的时间不少于5年。已录取的基层农技推广人才定向培养生报到入学前，要与招生高校和定向就业县级组织、机构编制、人力资源社会保障、农业部门签订培养协议，明确各方权利和义务。未按规定签订培养协议者，取消入学资格。

五、创新基层农技推广人才定向培养模式

承担基层农技推广人才定向培养任务的高校，要根据乡村振兴战略和农业现代化建设需要，按照德育为先、面向基层、定向培养、强化实践的原则，创新基层农技推广人才培养模式，科学设计培养方案，优化课程设置，确保培养质量。要强化实践教学环节，将实践教学纳入课程体系，丰富实践教学内容，加强全科农技推广人才和专业素质培养，构建与农技推广岗位相适应的课程体系和教学内容。

六、健全基层农技推广人才定向培养生就业办法

定向培养生最后一个学期，按照就业协议到定向就业县（市、区）乡镇农技推广机构实习。具体工作单位，要结合基层农技推广人才定向培养生需求和培养计划，由县级机构编制、人力资源社会保障、农业部门，按照事业单位公开招聘制度的要求，组织定向培养生与定向县域内乡镇农技推广机构在需求岗位范围内进行双向选择，签订事业单位人员聘用合同，纳入事业编制实名制管理，合同期为5年。合同期满，严格实施聘期考核，聘期考核不合格的，不再续签聘用合同。

七、规范基层农技推广人才定向培养生履约管理

因个人原因（因病休学等除外）中断学业，或未在培养期满取得毕业证书、学位证书者，定向就业县（市、区）有关部门有权与其解除协议，基层农技推广人才定向培养生应按规定退还已享受的免费教育经费。基层农技推广人才定向培养生毕业后，未按协议到定向就业县（市、区）乡镇农技推广机构工作的，要按规定退还免费教育经费，并交纳该费用50%的违约金。基层农技推广人才定向培养生在乡镇农技推广机构工作未满5年或经工作单位考核不合格按规定解除聘用合同的，根据服务期未满年限，按比例退还免费教育经费和交纳违约金。市级农业行政主管部门负责本行政区域内基层农技推广人才定向培养生的履约管理，建立诚信档案，公布违约记录，并记入人事档案，负责管理违约退还和违约金。

八、支持基层农技推广人才定向培养生专业发展

基层农技推广人才定向培养生在培养期和服务期内，一般不得报考脱产研究生。符合条件的可在职攻读与本人业务相关的硕士学位。

九、建立健全各部门协同工作机制

开展基层农技推广人才定向培养，是解决当前基层农技推广队伍年龄老化、青黄不接、专业失衡状况严重的重要举措，是推进实施乡村振兴战略、加快农业现代化建设的迫切要求和重要保障。各地要高度重视，加强组织领导，明确工作职责，认真抓好落实。

基层农技推广人才定向培养工作由省人才工作领导小组统一领导。教育部门牵头负责基层农技推广人才定向培养生招生、培养工作；农业部门负责落实基层农技推广人才定向培养生工作岗位；人力资源社会保障部门负责基层农技推广人才定向培养生就业指导、毕业派遣、人事接转和报到工作；机构编制部门负责在核定的乡镇农技推广机构编制总额内，落实基层农技推广人才定向培养生到乡镇农技推广机构工作的编制；财政部门负责落实相关经费保障。市、县（市、区）、乡镇人民政府应为基层农技推广人才定向培养生到乡镇农技推广机构工作提供必要的工作生活条件和周转宿舍。有关高校要认真制订基层农技推广人才定向培养生培养方案和教学计划，精心组织实施，引导其立足基层、长期服务"三农"事业，确保培养质量。

山东省委组织部　　　　　　　　山东省农业厅

山东省教育厅　　　　山东省机构编制委员会办公室

山东省财政厅　　　　山东省人力资源和社会保障厅

2018年4月

附　录

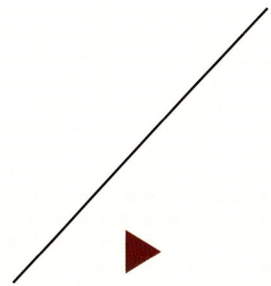

2018年农业农村部主推技术名单

1. 水稻钵苗机插优质增产技术
2. 水稻高低温灾害防控技术
3. 机收再生稻丰产高效技术
4. 冬小麦节水省肥优质高产技术
5. 冬小麦宽幅精播技术
6. 西北旱地小麦蓄水保墒与监控施肥技术
7. 小麦赤霉病综合防控技术
8. 玉米免耕种植技术
9. 夏玉米精量直播晚收高产栽培技术
10. 玉米花生宽幅间作技术
11. 马铃薯机械化收获技术
12. 马铃薯晚疫病和早疫病综合防控技术
13. 大豆机械化生产技术
14. 油菜机械化播种与联合收获技术
15. 饲用油菜生产及利用技术
16. 油菜根肿病绿色防控技术
17. 花生机械化播种与收获技术
18. 花生单粒精播节本增效高产栽培技术
19. 花生枯萎病及叶部病害综合防控技术
20. 花生黄曲霉素全程控制技术
21. 盐碱地棉花高产栽培技术
22. 新疆膜下滴灌棉花综合栽培技术
23. 棉花机械化精准化生产技术
24. 甘蔗高效节本栽培技术
25. 红心猕猴桃综合栽培技术
26. 高寒区旱地绿豆地膜覆盖高产栽培及配套技术
27. 荞麦大垄双行轻简化全程机械化栽培技术
28. 大麦青饲（贮）种养结合生产技术
29. 甜菜密植高产全程机械化栽培技术
30. 苹果矮砧集约栽培关键技术
31. 苹果病虫害全程绿色防控技术
32. 晚熟柑橘保果防落防枯水综合技术
33. 柑橘黄龙病综合防控技术
34. 晚熟脐橙安全优质高效适用生产技术
35. 葡萄一年两收栽培技术
36. 茶树病虫害绿色防控技术
37. 茶园全程机械化管理技术
38. 主栽食用菌高效安全轻简化生产技术
39. 露地甘蓝全程机械化生产技术
40. 设施果菜害虫绿色防控技术与熊蜂授粉技术
41. 人工释放赤眼蜂防治害虫技术
42. 绿肥生产利用全程轻简化技术
43. 设施西甜瓜优质绿色双减简约化栽培技术
44. 苜蓿—冬小麦—夏玉米轮作技术
45. 提高母猪断奶健仔数（PSY）技术
46. 规模化猪场绿色养殖和疫病净化技术
47. 奶牛同期排卵—定时输精技术
48. 奶牛母子一体化养殖关键技术
49. 奶牛用牧草型 TMR 发酵饲料加工技术
50. 牦牛半舍饲养殖技术
51. 中华蜜蜂规模化饲养技术
52. 全株玉米青贮制作及科学饲喂技术
53. 羔羊早期断奶及人工哺乳技术
54. 高床节水育肥猪舍设计技术
55. 肉鸡禽流感综合防控技术
56. 禽白血病净化技术
57. 种禽场动物疫病净化技术
58. 深水抗风浪网箱养殖技术
59. 南美白对虾大棚设施养殖技术
60. 稻田综合种养技术
61. 河蟹高效生态养殖技术
62. 淡水工厂化循环水健康养殖技术
63. 池塘"一改五化"集成养殖技术
64. 机械化深松整地技术
65. 农作物秸秆机械化还田技术
66. 农业物联网与大数据服务技术
67. 生石灰改良酸性土壤技术
68. 农田鼠害 TBS 监测与防控技术
69. 果（菜、茶）—沼—畜循环农业
70. 农田地膜污染综合防控技术

2018年农业行业国家级科技奖励名单

1. 2018年度国家自然科学奖项目

序号	项目名称	主要完成人	提名单位（专家）
1	黄瓜基因组和重要农艺性状基因研究	黄三文（中国农业科学院蔬菜花卉研究所），张忠华（中国农业科学院蔬菜花卉研究所），尚轶（中国农业科学院蔬菜花卉研究所），金危危（中国农业大学），陈惠明（湖南省蔬菜研究所（辣椒新品种技术研究推广中心））	农业部
2	杂交稻育性控制的分子遗传基础	刘耀光（华南农业大学），罗荡平（华南农业大学），王中华（华南农业大学），龙云铭（华南农业大学），唐辉武（华南农业大学）	李家洋，张启发，韩斌

2. 2018年度国家技术发明奖项目

序号	项目名称	主要完成人	提名单位（专家）
1	小麦与冰草属间远缘杂交技术及其新种质创制	李立会（中国农业科学院作物科学研究所），杨欣明（中国农业科学院作物科学研究所），刘伟华（中国农业科学院作物科学研究所），张锦鹏（中国农业科学院作物科学研究所），李秀全（中国农业科学院作物科学研究所），董玉琛（中国农业科学院作物科学研究所）	李振声
2	扇贝分子育种技术创建与新品种培育	包振民（中国海洋大学），王师（中国海洋大学），胡晓丽（中国海洋大学），李恒德（中国水产科学研究院），梁峻（獐子岛集团股份有限公司），王有廷（烟台海益苗业有限公司）	山东省
3	猪传染性胃肠炎、猪流行性腹泻、猪轮状病毒三联活疫苗创制与应用	冯力（中国农业科学院哈尔滨兽医研究所），时洪艳（中国农业科学院哈尔滨兽医研究所），陈建飞（中国农业科学院哈尔滨兽医研究所），佟有恩（哈尔滨维科生物技术开发公司），张鑫（中国农业科学院哈尔滨兽医研究所），王牟平（哈尔滨国生生物科技股份有限公司）	黑龙江省
4	猪整合组学基因挖掘技术体系建立及其育种应用	赵书红（华中农业大学），梅书棋（湖北省农业科学院畜牧兽医研究所），李新云（华中农业大学），朱猛进（华中农业大学），乔木（湖北省农业科学院畜牧兽医研究所），刘小磊（华中农业大学）	教育部
5	菊花优异种质创制与新品种培育	陈发棣（南京农业大学），房伟民（南京农业大学），陈素梅（南京农业大学），管志勇（南京农业大学），滕年军（南京农业大学），姚建军（昆明虹之华园艺有限公司）	江苏省

3. 2018年度国家科学技术进步奖获奖项目

序号	项目名称	主要完成人	主要完成单位	提名单位（专家）
1	梨优质早、中熟新品种选育与高效育种技术创新	张绍铃，施泽彬，王迎涛，李秀根，吴俊，李勇，胡征龄，杨健，陶书田，戴美松	南京农业大学，浙江省农业科学院，中国农业科学院郑州果树研究所，河北省农林科学院石家庄果树研究所	教育部
2	月季等主要切花高质高效栽培与运销保鲜关键技术及应用	高俊平，马男，穆鼎，张颢，包满珠，罗卫红，张延龙，张力，周厚高，刘与明	中国农业大学，中国农业科学院蔬菜花卉研究所，云南省农业科学院花卉研究所，华中农业大学，南京农业大学，西北农林科技大学，昆明国际花卉拍卖交易中心有限公司	教育部
3	大豆优异种质挖掘、创新与利用	邱丽娟，常汝镇，韩英鹏，郭泰，李英慧，付亚书，关荣霞，朱振东，孙宾成，刘章雄	中国农业科学院作物科学研究所，东北农业大学，黑龙江省农业科学院佳木斯分院，黑龙江省农业科学院绥化分院，呼伦贝尔市农业科学研究所	农业部
4	黄瓜优质多抗种质资源创制与新品种选育	顾兴芳，张圣平，苗晗，王烨，谢丙炎，方秀娟，刘伟，梁洪军，李竹梅	中国农业科学院蔬菜花卉研究所	农业部
5	高产优质小麦新品种郑麦7698的选育与应用	许为钢，王会伟，张磊，马运粮，张慎举，董海滨，张建周，齐学礼，郭瑞，杨娟妮	河南省农业科学院小麦研究所，商丘职业技术学院，河南省种子管理站，陕西省种子管理站	河南省
6	农林剩余物功能人造板低碳制造关键技术与产业化	吴义强，李新功，李贤军，卿彦，胡云楚，刘元，陈秀兰，詹满军，陈文鑫，段家宝	中南林业科技大学，大亚人造板集团有限公司，广西丰林木业集团股份有限公司，连云港保丽森实业有限公司，河南恒顺植物纤维板有限公司	国家林业局
7	林业病虫害防治高效施药关键技术与装备创制及产业化	周宏平，许林云，崔业民，茹煜，蒋雪松，张慧春，郑加强，贾志成，李秋洁，崔华	南京林业大学，南通市广益机电有限责任公司	国家林业局
8	高分辨率遥感林业应用技术与服务平台	李增元，高志海，张煜星，陈尔学，张旭，覃先林，夏朝宗，李晓松，凌成星，李崇贵	中国林业科学研究院资源信息研究所，国家林业局调查规划设计院，中国科学院遥感与数字地球研究所，西安科技大学	国家林业局
9	灌木林虫灾发生机制与生态调控技术	骆有庆，宗世祥，张金桐，盛茂领，曹川健，温俊宝，张连生，孙淑萍，陶静	北京林业大学，山西农业大学，国家林业局森林病虫害防治总站，宁夏回族自治区森林病虫防治检疫总站，建平县森林病虫害防治检疫站	国家林业局
10	猪抗病营养技术体系创建与应用	陈代文，车炼强，詹勇，吴德，余冰，虞洁，张克英，何军，韩继涛，张璐	四川农业大学，浙江大学，四川铁骑力士实业有限公司，新希望六和股份有限公司，通威股份有限公司，重庆优宝生物技术股份有限公司，福建傲农生物科技集团股份有限公司	四川省
11	高效瘦肉型种猪新配套系培育与应用	吴珍芳，王爱国，罗旭芳，胡晓湘，张守全，蔡更元，李紫聪，徐利，黄瑞森，严尚维	华南农业大学，广东温氏食品集团股份有限公司，中国农业大学，北京养猪育种中心，广东省现代农业装备研究所	黄路生，桂建芳，孟安明

序号	项目名称	主要完成人	主要完成单位	提名单位（专家）
12	长江口重要渔业资源养护技术创新与应用	庄平，徐跑，张涛，张根玉，赵峰，唐文乔，徐钢春，钱晓明，施永海，徐东坡	中国水产科学研究院东海水产研究所，中国水产科学研究院淡水渔业研究中心，上海市水产研究所，上海海洋大学，江苏中洋集团股份有限公司	农业部
13	优质肉鸡新品种京海黄鸡培育及其产业化	王金玉，顾云飞，谢恺舟，戴国俊，张跟喜，施会强，俞亚波，王宏胜，侯庆永，朱新飞	扬州大学，江苏京海禽业集团有限公司，江苏省畜牧总站	中国农学会
14	淡水鱼类远缘杂交关键技术及应用	刘少军，覃钦博，陶敏，张纯，罗凯坤，肖军，王石，胡方舟，周工健，杨震	湖南师范大学，湖南湘云生物科技有限公司	麦康森，张亚平，印遇龙
15	地方鸡保护利用技术技术体系创建与应用	康相涛，田亚东，李国喜，孙桂荣，韩瑞丽，李转见，闫峰宾，蒋瑞瑞，赵河山，苏耀辉	河南农业大学，河南三高农牧股份有限公司，广东金种农牧科技股份有限公司，贵州柳江畜禽有限公司，河南省淇县永达食业有限公司，河南省惠民禽业有限公司，湖南省吉泰农牧有限公司	河南省
16	特色海洋食品精深加工关键技术创新及产业化应用	周大勇，朱蓓薇，董秀萍，邵俊杰，秦磊，吴厚刚，吴海涛，李冬梅，王学俊，孙娜	大连工业大学，獐子岛集团股份有限公司，大连海晏堂生物有限公司，大连上品堂海洋生物有限公司，大连晓芹食品有限公司，大连乾日海洋食品有限公司，北京同仁堂健康（大连）海洋食品有限公司	辽宁省
17	羊肉梯次加工关键技术及产业化	张德权，张春晖，王振宇，陈丽，潘满，李欣，罗瑞明，李铮，柳尧波，穆国锋	中国农业科学院农产品加工研究所，中国农业机械化科学研究院，宁夏大学，山东省农业科学院原子能农业应用研究所（山东省辐照中心、山东省农业科学院农产品研究所），内蒙古蒙都羊业食品股份有限公司	农业部
18	主要蔬菜卵菌病害关键防控技术研究与应用	张修国，刘西莉，王文桥，张敬泽，杨宇红，刘长远，高克祥，米庆华，李屹，刘杰	山东农业大学，中国农业大学，河北省农林科学院植物保护研究所，浙江大学，中国农业科学院蔬菜花卉研究所，辽宁省农业科学院，青岛中达农业科技有限公司	山东省
19	多熟制地区水稻机插栽培关键技术创新及应用	张洪程，吴文革，李刚华，霍中洋，张瑞宏，习敏，杨洪建，王军，史步云，张建设	扬州大学，南京农业大学，安徽省农业科学院，江苏省农业科学院，江苏省农业技术推广总站，常州亚美柯机械设备有限公司，南京沃杨机械科技有限公司	江苏省
20	沿淮主要粮食作物涝渍灾害综合防控关键技术及应用	程备久，张佳宝，李金才，王友贞，陈黎卿，顾克军，刘良柏，刘万代，蔡德军，武立权	安徽农业大学，中国科学院南京土壤研究所，安徽省（水利部淮河水利委员会）水利科学研究院，河南农业大学，江苏省农业科学院，安徽省农业科学院	安徽省
21	苹果树腐烂病致灾机理及其防控关键技术研发与应用	黄丽丽，曹克强，李萍，范东晟，冯浩，王树桐，王亚红，高小宁，孙广宇，王鹏	西北农林科技大学，河北农业大学，全国农业技术推广服务中心，陕西省植物保护工作站，陕西西大华特科技实业有限公司，北京百德翠丰农业科技发展有限公司	陈剑平，张福锁，陈万权

（续）

序号	项目名称	主要完成人	主要完成单位	提名单位（专家）
22	杀菌剂氰烯菌酯新靶标的发现及其产业化应用	周明国，马忠华，侯毅平，王洪雷，陈雨，杨荣明，段亚冰，刁亚梅，郑兆阳，关成宏	南京农业大学，浙江大学，江苏省农药研究所股份有限公司，安徽省农业科学院，江苏省植物保护植物检疫站，安徽省植物保护总站，黑龙江省农垦总局植保植检站	教育部
23	我国典型红壤区农田酸化特征及防治关键技术构建与应用	徐明岗，徐仁扣，周世伟，马常宝，李九玉，文石林，鲁艳红，彭春瑞，张青，詹绍军	中国农业科学院农业资源与农业区划研究所，中国科学院南京土壤研究所，农业部耕地质量监测保护中心，湖南省土壤肥料研究所，江西省农业科学院土壤肥料与资源环境研究所，福建省农业科学院土壤肥料研究所，成都新朝阳作物科学有限公司	中国农学会
24	畜禽粪便污染监测核算方法和减排增效关键技术研发与应用	董红敏，廖新俤，常志州，魏源送，陶秀萍，黄宏坤，杨军香，张祥斌，朱志平，尚斌	中国农业科学院农业环境与可持续发展研究所，江苏省农业科学院，华南农业大学，中国科学院生态环境研究中心，广东温氏食品集团股份有限公司，全国畜牧总站，农业部农业生态与资源保护总站	中国农学会

图书在版编目（CIP）数据

2018年中国农业技术推广发展报告/农业农村部科技教育司，全国农业技术推广服务中心组编. —北京：中国农业出版社，2019.12
ISBN 978-7-109-26300-0

Ⅰ.①2… Ⅱ.①农…②全… Ⅲ.①农业科技推广—研究报告—中国—2018 Ⅳ.①F324.3

中国版本图书馆CIP数据核字（2019）第276105号

中国农业出版社出版
地址：北京市朝阳区麦子店街18号楼
邮编：100125
责任编辑：郭银巧
版式设计：王　晨　责任校对：吴丽婷
印刷：北京通州皇家印刷厂
版次：2019年12月第1版
印次：2019年12月北京第1次印刷
发行：新华书店北京发行所
开本：880mm×1230mm　1/16
印张：11
字数：280千字
定价：120.00元